海上衝突予防法の解説

海上保安庁　監修

海　文　堂

推薦の言葉

近年,船舶交通のふくそう化や船舶の大型化・高速化の傾向が顕著であります。また,エアクッション船,プッシャーバージ等の特殊船舶の増加やレーダー等の航海計器の発達にも目ざましいものがあります。

このような海上交通の実態の変化に対応して,新しいルールを盛り込んだ「1972年の海上における衝突の予防のための国際規則に関する条約」が昭和 47 年に採択されました。本年 7 月 15 日から施行されている新しい海上衝突予防法は,同条約を批准するため,従来の海上衝突予防法を全面的に改正したものであります。

御承知のとおり,交通ルールは関係者がこれを誠実に遵守することによってはじめてその本来の効果を発揮しうるものであります。このため,新しい海上衝突予防法の施行に当たっては,当庁において訪船指導,講習会の開催,パンフレットの配布等の手段により,その周知徹底に努力してきたところでありますが,現在同法について体系的な説明を加えた解説書の必要性を痛感しているところであります。

このようなときに,本法の精神及び内容を明確かつ詳細に解説した本書が,これらの法令の制定作業に実際に携った担当者の手によって世に出されることは,本法の理解を深めるため,誠に有意義なことであると考えます。

本書が,一人でも多くの海事関係者に,海上衝突予防法の精神及び内容を理解するための手引として利用され,船舶衝突の防止に貢献することを心から願って,これを広く関係方面に推薦する次第であります。

昭和 52 年 11 月

海上保安庁長官　薗 村 泰 彦

は し が き

海上における船舶の衝突を予防するための新しい国際ルールとして採択された「1972 年の海上における衝突の予防のための国際規則に関する条約」に準拠して制定された新しい海上衝突予防法が，同条約の発効にあわせて本年 7 月 15 日から施行されている。

この法律は，従来の海上衝突予防法を全面改正したものであり，その制定前からこの法律についての正確で詳しい解説書の出版が強く望まれていたところである。

本書は，これらの要望に応えるべく執筆されたものであり，既に刊行されている『海上交通安全法の解説』と姉妹編をなすものである。

海上交通の安全の確保という目標は，関係者のすべてが交通ルールを遵守してはじめて実現可能となるものである。本書によって，一人でも多くの関係者が海上交通の基本ルールを定めた海上衝突予防法の内容と精神を理解され，海難の防止に協力されることを切に希望するものである。

最後に，本書の監修及び執筆に当たられた馬場一精，千原伸夫，稗田茂磨，足立有功，嶋 昭悳，馬場耕一，坂本茂宏，磨 良三，三浦有二郎，園田良一，城野功，牛島 清の諸氏の御苦労に敬意を表するとともに，本書の出版を企画され，ともすれば遅れがちな当研究会の執筆作業に対し，絶えず暖かい激励を送っていただいた海文堂出版株式会社に対し，深い感謝の意を表する次第である。

昭和 52 年 11 月

海上交通法令研究会

改訂 7 版に当たって

昭和 56 年 11 月の第 12 回，昭和 62 年 11 月の第 15 回，平成元年 10 月の第 16 回，平成 5 年 11 月の第 18 回及び平成 13 年 11 月の第 22 回 IMO 総会において，1972 年の海上における衝突の予防のための国際規則の一部改正が行われた。

このため，本書についても，改正内容をとりこみ，現時点での法令に即したものとなるような改訂を行うこととしたものである。

平成 16 年 3 月 1 日

海上交通法令研究会

凡　例

- ●本法………海上衝突予防法（昭和 52 年法律第 62 号）
- ●旧法………海上衝突予防法（昭和 28 年法律第 151 号）
- ●施行規則…海上衝突予防法施行規則（昭和 52 年運輸省令第 19 号）
- ●72年条約…1972年の海上における衝突の予防のための国際規則に関する条約
- ●72年規則…1972年の海上における衝突の予防のための国際規則
- ●60年規則…1960年国際海上衝突予防規則

目　　次

Ⅰ　総　　論

II 各 論

I　総　　論

1　海上衝突予防法制定及び改正の経緯

1－1　海上衝突予防法（昭和52年法律第62号）制定までの経緯

海洋は古くから船舶の交通路として利用されてきており，様々な国の各種の船舶が公海・領海を問わず頻繁に行き交っている。これら国籍の違う船舶が海上で出会った場合に，それぞれが旗国の法律に従い，勝手に動きまわったのでは，危険なことこの上もない。国際的に統一された海上交通ルールの制定が要請されるのは，自然のなりゆきである。

海上における船舶の衝突の予防のための国際的な共通規則として近代的な法典の形式を備えて成立したのは，1889年（明治22年）にワシントンにおいて開催された国際会議で作成された国際規則が最初である。その後，1914年（大正3年），1929年（昭和4年），1948年（昭和23年）に国際会議が開催され，その時代に即した衝突予防に関する規則*が作成された。さらに，1960年（昭和35年）にロンドンにおいて政府間海事協議機関（IMCO）（現，国際海事機関（IMO））**の主催で「海上における人命の安全のための国際会議」が開催され，その勧告決議の一つとして1960年国際海上衝突予防規則が採択された。

その後，海上交通のふくそう化，巨大タンカー，コンテナ船等の出現にみられるような船舶の大型化及び高速化，エアクッション船，プッシャーバージ等の特殊船舶の増加，レーダー等の航海計器の発達など海上交通の実態の変化には著しいものがあり，それに対応した内容を盛り込んだ国際規則を作成することが要請されるようになった。

この要請を受け，IMCOは，1968年（昭和43年）から，海上安全委員会（MSC）及び航行安全小委員会（NAV）*** を中心に，60年規則の見直しの検討に入り以後1972年（昭和47年）まで，MSC 5回，NAV 6回，作業部会5回の会合を重ね，最終案をとりまとめた。同案は，「1972年の海上における衝突の予防のための国際規則」としてまとめられ，同年10月に開催された国際会議において72年規則が添付される「1972年の海上における衝突の予防のための国際規則に関する条約」として採択され，1977年（昭和52年）7月15日に発効した。これにより，国際規則は，大幅に改正されるとともに，各国間で異なるルールが存することのないように条約化され，従来の単なる模範法典としての性格から脱することとなった。

我が国においても，1889年規則に準拠して明治25年に海上衝突予防法を制定して以来，国際規則に準拠して国内法を制定してきている。

現在の海上衝突予防法（昭和52年6月1日法律第62号）も，72年規則に準拠して制定されており，72年規則の発効日に合わせて，昭和52年7月15日から施行されている。

---

* 1889年規則以前は，英国海上衝突予防規則を模範として各国が規則を定めており，我が国でも明治5年船灯規則（太政官布告。1863年英国規則），明治7年海上衝突予防規則（同。1868年英国規則）等が定められている。1914年及び1929年規則は，発効しなかった。

** 国際海事機関（IMO）とは，1948年（昭和23年）ジュネーヴで開催された国際連合海事会議で採択された政府間海事協議機関条約（IMCO 条約）（現，国際海事機関条約（IMO 条約））に基づいて設置された「船舶輸送の技術的問題を審議するため」の常設の国際機関である。同条約は，我が国が受諾した日（1958年（昭和33年）3月17日）に発効要件を満たし，同日発効している。2003年（平成15年）11月30日現在，加盟国は，163か国である。IMOは，海運関係の諸問題について技術面を中心に取り扱っており，機関の任務は，協議的かつ勧告的なものであるが，海上における安全を確保するための船舶の構造及び運航に関する基準の作成のほか，海洋環境保護の問題の検討等の任務を遂行している。なお，IMCOのIMOへの名称変更は，1977年（昭和52年）IMCO条約の一部改正（1982年（昭和57年）5月22日発効）によりなされたものである。

*** IMOは，総会（Assembly），理事会（Council），海上安全委員会（Maritime Safety Committee），法律委員会（Legal Committee），海洋環境保護委員会（Marine Environment Protection Committee），技術協力委員会（Technical Co-operation Committee），簡易化委員会（Facilitation Committee），機関が随時必要と認める補助機関及び事務局により構成されている。MSCの補助機関として，航行安全・無線通信・捜索救助小委員会（Navigation, communications and Search and Rescue）を始め7の小委員会が設けられている。

1−2 海上衝突予防法及び施行規則の改正の経緯

(1) 海上衝突予防法の改正（昭和58年）の経緯

72 年規則は，制定から発効するまでに 5 年近くを要したが，その間にも世界の海上交通事情は，①小型船の増加，②ドラコーン等新たな被えい航物件の増加，③びょう泊して行われる掃海作業の出現等の変化を見せていた。72 年規則の制定が大型船の出現等を契機とするものであったこともあり，このような変化に対応するために，その発効以前から既に IMO の航行安全小委員会を中心に 72 年規則の一部見直しが開始された。1981 年（昭和 56 年）の総会において 72 年規則の一部改正案が採択されるまでには，具体的には次のような経過をたどってきている。

年　月	会 議 名	概　　要
1976 年 3 月 (昭和 51 年)	第 18 回 NAV	オランダ，ノルウェー及びソ連から 72 年規則の改正案が提出され，次回の NAV で検討されることとなった。
1977 年 2 月 (昭和 52 年)	第 19 回 NAV	改正案について検討されたが，大多数の代表は，時期尚早であるとの意見であった。
1977 年 9 月	第 20 回 NAV	改正案に対するオランダ修正案を含め検討した。改正は，運航者の情報により評価し，重大な誤り及びあいまいな表現を修正し又は正確にするにとどめるべきことが合意された。
1978 年 7 月 (昭和 53 年)	第 21 回 NAV	改正案について検討した。
1978 年 10 月	作業部会 （ハーグ）	条項の統一解釈に関する意見のとりまとめ及び改正案の検討を行った。
1979 年 1 月 (昭和 54 年)	第 22 回 NAV	条項の統一解釈に関する意見及び改正案の検討，とりまとめを行った。
1979 年 9 月	第 23 回 NAV	改正案の検討，とりまとめを行った。
1980 年 2 月 (昭和 55 年)	第 24 回 NAV	最終的な改正案及び規則の適用に関する指針（guidance）案をとりまとめた。
1980 年 5 月	第 42 回 MSC	改正案に対し，日本から小改正案が提出されたが，大多数の代表が投票権の委任がなかったため，次回の MSC まで採択を見送った。また，指針案について一部に不必要なものがあり，必要なものは規則に取り込むべきである等の意見があった。

1980年12月	第43回MSC	改正案について日本からの提案を含めて検討し，一部を除き改正案を承認した。指針案については必要性が合意され，NAVで再検討することになった。
1981年1月（昭和56年）	第25回NAV	承認されなかった改正案及び指針案の検討を行い，それぞれ修正案を作成した。
1981年3月	第44回MSC	既に承認した改正案及び修正案を合わせて採択した。指針案についても採択した。
1981年11月	第12回 総会	72年規則改正案を改正採択し，異議通告期限を1982年6月1日とし，発効時期を1983年6月1日からとすべく決定した。指針案については，総会決議とせず MSC 回章として周知することとした。

72年規則の一部改正は，1982年（昭和57年）6月1日までに異議通告をした国がなかったため，1983年（昭和58年）6月1日に発効することが確定した。

これを受けて，政府は，72 年規則の一部改正に対応した国内法を整備することとし，関係者との調整，政府内部での調整を行った後，海上衝突予防法の一部を改正する法律案を国会に提出した。その成立，施行に至るまでの経過は次のとおりである。

58. 2. 1　海上安全船員教育審議会に対し海上衝突予防法の一部改正について諮問
58. 2. 10　海上安全船員教育審議会より，海上安全部会において審議ののち，答申
58. 2. 18　法案閣議決定
58. 2. 18　法案国会提出
58. 2. 18　法案衆議院交通安全対策特別委員会付託
58. 2. 23　同委員会提案理由説明
58. 3. 24　同委員会審議・採決（原案どおり）
58. 3. 25　衆議院本会議可決
58. 3. 25　衆議院運輸委員会付託
58. 3. 30　同委員会提案理由説明・審議・採決（原案どおり）
58. 3. 31　参議院本会議可決成立
58. 4. 5　公布（法律第22号）
58. 6. 1　施行

(2) 施行規則の改正（平成元年）の経緯

72年規則の一部改正が1987年（昭和62年）11月のIMO第15回総会及び1989年（平成元年）10月のIMO第16回総会において採択され，それぞれ1988年（昭和63年）5月19日及び1990年（平成2年）4月19日までに異議通告をした国がなかったため，それぞれ1989年（平成元年）11月19日及び1991年（平成3年）4月19日に発効した。

改正の内容は主として各項の解釈の明確化を図るものであったことから，海上衝突予防法の改正は行われていないが，1987年（昭和62年）の総会において採択された72年規則一部改正に対応して施行規則の一部改正が行われた。

(3) 海上衝突予防法の改正（平成7年）の経緯

72年規則の一部改正は，漁船に係る灯火及び形象物に関する内容であるが，1993年のIMO総会において72年規則の一部改正案が採択されるまでには，具体的には次のような経過をたどった。

年　月	会議名	概　　要
1989年3月（平成元年）	第18回FAO* COFI**	72年規則の見直しをIMOに要請***
1991年7月（平成3年）	FAO COFI	漁具マーキングに関する専門家会合において，漁船の灯火・形象物に関する72年規則の改正について検討
1992年7月（平成4年）	第38回NAV	FAOから提案のあった漁船の灯火・形象物に関する72年規則の改正案について審議
1992年12月	第61回MSC	第38回NAVにおける審議結果を承認
1993年11月（平成5年）	第18回IMO総会	72年規則の改正案を採択（11月4日）
1994年5月（平成6年）		異議通告期間終了（5月4日）
1995年11月（平成7年）		改正72年規則の発効（11月4日）

* FAO（Food and Agriculture Organization of the United Nations）とは，国際連合食糧農業機関の略で，人類の栄養及び生活水準を向上し，食糧及び農産物の生産及び配分の能率を改善し，もって拡大する世界経済に寄与することを目的とする組織。

** COFI（Committee on Fisheries）とは，水産委員会の略で，国際的性格を有する水産問題の基本的検討及び水産に関する諸問題の可能な解決策の評価等を行うことを目的とする組織。

*** 1993 年の 72 年規則の改正は，漁船の航行の安全を向上させるため，FAO から IMO に対して 72 年規則の改正を要請され，IMO において審議ののち改正された。

72 年規則の一部改正が，1995 年（平成 7 年）11 月 4 日に発効することを受けて，政府は，72 年規則の一部改正に対応した国内法を整備することとし，関係者との調整，政府部内での調整を行った後，海上衝突予防法の一部を改正する法律案を国会に提出した。その成立に至るまでの経緯は次のとおりである。

7. 1. 19　海上安全船員教育審議会に対し海上衝突予防法の一部改正について諮問
7. 1. 27　海上安全船員教育審議会より，海上安全部会において審議ののち，答申
7. 2. 14　法案閣議決定
7. 2. 14　法案国会提出
7. 2. 21　参議院運輸委員会提案理由説明・審議・採択（原案どおり）
7. 2. 21　参議院本会議可決
7. 3. 8　衆議院交通安全対策特別委員会提案理由説明・審議
7. 3. 9　同委員会決裁（原案どおり）
7. 3. 10　衆議院本会議可決成立
7. 3. 17　公布（法律第 30 号）
7. 11. 4　施行

(4) 海上衝突予防法の改正（平成15年）の経緯

今回の 72 年規則の一部改正は，号鐘の備付け等に関する規制の緩和及び表面効果翼船の航法等に関することをその内容とするが，2001 年の IMO 総会において 72 年規則の一部改正案が採択されるまでには，具体的には次のような経過をたどった。

年　月	会 議 名	概　　要
1998 年 7 月（平成 10 年）	第 44 回 NAV	72 年規則の見直しの提案

2000年11月（平成12年）	第73回MSC	72年規則の見直しについて審議，審議結果を承認
2001年11月（平成13年）	第22回 IMO総会	72年規則の改正案を採択（11月29日）
2002年5月（平成14年）		異議通告期間終了（5月29日）
2003年11月（平成15年）		改正72年規則の発効（11月29日）

72年規則の一部改正が，2003年（平成15年）11月29日に発効することを受けて，72年規則の一部改正に対応した国内法を整備するため，関係者との調整を行った後，海上衝突予防法の一部を改正する法律案を国会に提出した。その成立に至るまでの経緯は次のとおりである。

15. 3. 4　法案閣議決定
15. 3. 4　法案国会提出
15. 4. 11　法案参議院国土交通委員会付託
15. 4. 15　同委員会提案理由説明
15. 4. 17　同委員会審議・採決（原案どおり）
15. 4. 18　参議院本会議可決
15. 5. 26　法案衆議院国土交通委員会付託
15. 5. 27　同委員会提案理由説明・審議・採決（原案どおり）
15. 5. 29　衆議院本会議可決成立
15. 6. 4　公布（法律第63号）
15. 11. 29　施行

2 海上衝突予防法の概要

本法は，5章42条からなっているが，第3条から第37条までの規定の構成は，72年規則のそれと同一であり，同規則の附属書において定められている灯火・形象物の位置等の技術的な事項については，国土交通省令で定めることとし，本法中にその委任規定（第20条，第26条等）を設けている。

本法の概要は次のとおりである。

① 第1章（総則）においては，本法が72年規則を忠実に国内法化したものであることを示した本法の制定目的（第1条），本法の適用対象船舶（第2条）及び船舶や漁ろうに従事している船舶等の用語の定義（第3条）について規定しており，72年規則のA部の一部の規定に対応する規定である。

② 第2章（航法）においては，視界の状態に応じた航法を3つの節（あらゆる視界の状態における船舶の航法，互いに他の船舶の視野の内にある船舶の航法，視界制限状態における船舶の航法）に分けて規定しており，72年規則のB部の規定に対応する規定である。

まず，あらゆる視界の状態における船舶の航法（第1節）においては，見張り，安全な速力，衝突のおそれ，衝突を避けるための動作並びに狭い水道等及び分離通航方式における航法について定めている（第4条〜第10条）。

次に，互いに他の船舶の視野の内にある船舶の航法（第2節）においては，船舶の航法，追越し船の航法，行会い船の航法等の二船間の航法について定めている（第11条〜第18条）。

視界制限状態における船舶の航法（第3節）においては，機関を常に操作できるようにしておく等，視界制限状態において船舶のとるべき動作が定められている（第19条）。

③ 第3章（灯火及び形象物）においては，航法を遵守するために必要な相手船に関する情報（相手船の種類，状態，方位等）を得るため，各々の船舶の種類，状態に応じて各船舶が表示しなければならない灯火・形象物について定めており（第20条〜第31条），72年規則のC部の規定に対応する規定である。

④ 第4章（音響信号及び発光信号）においては，相手船の意図を知り，相互の意思疎通を図るための信号について定めており（第32条〜第37条），72年規則のD部の規定に対応する規定である。

⑤ 第5章（補則）においては，切迫した危険のある特殊な状況における交通ルール，責任，本法の特例等についての規定を設けており（第38条〜第42条），72年規則のA部の一部に対応する規定である。

3 海上衝突予防法の特色

一般に，条約批准のために国内法を整備する場合には，条約で要求している内容を取り込めばよく，そのスタイルにまで忠実でないのが通常である。

ところが，72 年条約を批准するために制定された本法は，条文構成や表現を含めてできる限り条約に近いスタイル* となるように配慮が払われている。それは，72 年規則が「航海術の運用マニュアル」という性格を有しており，そこに規定してあることがそのまま操船の規範となるためである。また，このような配慮を払うことによって，はじめて様々な種類の船舶が混在している海上においてその遵守を期することができるのである。

---

* 72 年規則の表現と若干違う表現になっている部分がある。それは，国内法の表現になじむよう所要の手当を行ったためであり，また旧法との連続性を明確にし，法的安定性を確保するための手当を行ったためである。

4 海上衝突予防法の基本原則

海上衝突予防法の基本原則の主なものをあげると，一つは，多船間の関係を二船間（一船対一船）の航法関係に還元し，原則的には，そのどちらか一方の船舶に他方の船舶の進路を避けさせることとしていることである。もう一つは，その場合に操縦性能の優れている船舶に操縦性能の劣っている船舶の進路を避けさせることとしていることである。

また，海上衝突予防法の基本的な考え方として見逃せないのは，実際の船舶の運航に当たって相当部分を船長等の船員の判断（「船員の常務」）に委ねている点である。これは，海上交通の場合には陸上交通と違い義務を履行すべき状況の判断が複雑であるため一律の規制になじまないことが多いこと，長い間の伝統により良き慣行（グッド・シーマンシップ）が確立していることによるものであり，その典型的なものは第 38 条，第 39 条の規定の中に現われている。

5 海上衝突予防法及び施行規則の改正の概要

5－1 海上衝突予防法の改正（昭和58年）の概要

海上衝突予防法の一部を改正する法律（昭和 58 年法律第 22 号）による改正概要は，次のとおりである。

⑴ 小型の動力船及び帆船は，沿岸通航帯を航行することができることとしたこと。

⑵ 分離通航帯において航行の安全を確保するための作業等に従事している操縦性能制限船は，当該作業等を行うために必要な限度において分離通航方式に係る航法に従うことを要しないこととしたこと。

⑶ えい航されている船舶その他の物件であって，相当部分が水没しているため視認が困難であるものについて，表示すべき灯火及び形象物を別に定めたこと。

⑷ 小型の動力船，えい航船，帆船，運転不自由船等が表示すべき灯火又は形象物について緩和措置を定めたこと。

⑸ えい航船及びえい航されている船舶その他の物件が表示すべき灯火又は形象物について，やむを得ない事由により表示することができない場合の代替措置を定めたこと。

⑹ 掃海作業に従事しているびょう泊中の操縦性能制限船が表示すべき灯火及び形象物を改めるとともに，当該作業に従事している操縦性能制限船が表示すべき灯火又は形象物の示す危険水域の範囲を改めたこと。

⑺ びょう泊中の漁ろうに従事している船舶及び操縦性能制限船が行うべき音響信号を改めたこと。

⑻ 他の船舶の注意を喚起するための灯火の使用について制限したこと。

5－2 施行規則の改正（平成元年）の概要

海上衝突予防法施行規則の一部を改正する省令（平成元年運輸省令第 32 号）による改正概要は次のとおりである。

○小型動力船のげん灯の位置，連掲する灯火の位置に関する規定を整備したこと。

○停泊中の帆船の灯火の上下方向の射光範囲に関する規定を緩和したこと。
○遭難信号の範囲を拡大したこと。

5－3 海上衝突予防法の改正（平成7年）の概要

海上衝突予防法の一部を改正する法律（平成 7 年法律第 30 号）による改正概要は，次のとおりである。

⑴ 長さ 20 メートル未満の漁ろうに従事している船舶が表示すべき形象物について「かご」を廃止し，すべての漁ろうに従事している船舶の表示すべき形象物を統一すること。

⑵ 長さ 20 メートル以上のトロールにより漁ろうに従事している船舶について，他の漁ろうに従事している船舶と著しく接近している場合に，当該船舶の操業状態を知らせるため，従来任意であった追加の灯火の表示を義務化すること。

5－4 海上衝突予防法施行規則の改正（平成7年）の概要

海上衝突予防法施行規則の一部を改正する省令（平成 7 年運輸省令第 59 号）による改正概要は，次のとおりである。

⑴ 50 メートル未満の動力船に設置するマスト灯の位置は，船体中央部より前でなければならないこととする。但し，20 メートル未満の動力船にあっては，できる限り前方でよいこととすること。

⑵ 全周灯の非射光範囲が 6 度以下にできない場合, 1 海里離れたところから 1 個の灯火に視認できるよう 2 個の全周灯を適切に設置しなければならないこととすること。

⑶ 高速船のマスト灯の高さは，げん灯とマスト灯のなす二等辺三角形の底辺が 27 度以上になる高さであれば 6 メートル以下でもよいこととすること。

⑷ 20 メートル以上のトロール従事船の追加灯火の光度を 0.9 カンデラ以上 12 カンデラ未満（50 メートル未満のトロール従事船にあっては 0.9 カンデラ以上 4.3 カンデラ未満）とし，また，連掲する追加灯火間の距離を 0.9 メートル以上とすること。

⑸　海上衝突予防法の一部を改正する法律（平成 7 年法律第 30 号）により，義務化されたトロール従事船の追加灯火に関する形式改正。

5－5　海上衝突予防法の改正（平成15年）の概要

海上衝突予防法の一部を改正する法律（平成 15 年法律第 63 号）による改正概要は，次のとおりである。

⑴　号鐘の備付け等に関する規制の緩和

①　号鐘を備えることを要しない船舶の範囲を，長さ 12 メートル未満の船舶から長さ 20 メートル未満の船舶に拡大すること。

②　長さ 12 メートル以上 20 メートル未満の船舶が，視界制限状態にある水域又はその付近においてびょう泊中又は乗り揚げ中に鳴らすべき信号について，号鐘による信号の義務づけを廃止し，他の手段を講じて有効な音響による信号で足りることとすること。

⑵　特殊高速船の航法等についての規定の創設

①　その有する速力が著しく高速であるものとして国土交通省令で定める動力船として特殊高速船を定めること。

②　特殊高速船は，できる限り，すべての船舶から十分に遠ざかり，かつ，これらの船舶の通航を妨げないようにしなければならないこととすること。

③　特殊高速船に紅色のせん光灯の表示を義務づけることとすること。

④　特殊高速船の表示する灯火又は形象物の特性又は位置について緩和できるようにすること。

⑤　政令で定める水域における特殊高速船の運航に関する事項に関し，政令で特例を定めることができるようにすること。

5－6　海上衝突予防法施行規則の改正（平成15年）の概要

海上衝突予防法施行規則の一部を改正する省令（平成 15 年国土交通省令第 96 号）による改正概要は，次のとおりである。

① 長さ 50 メートル以上の高速船の前部マスト灯から後部マスト灯までの垂直距離について一定の算式により算定された値以上とすることができることとすること。
② 長さ 20 メートル未満の船舶に備え付ける汽笛について，その技術基準を緩和し，可聴距離を確保した上で，従来より高い周波数のものも認めることとすること。
③ 特殊高速船として表面効果翼船を規定すること。

6 他の法令との関係

海上衝突予防法は，領域，公海を問わず，すべての海域に適用される基本ルールであるが，港湾その他一定の海域については，それぞれの自然的条件や海域利用に特殊性があるため，一般的な交通ルールである海上衝突予防法だけでは船舶間の衝突を予防するには不十分である場合がある。そのため，72 年規則自体も，各国が港湾等の一定の海域について特別のルールを定めることを認めている。*

我が国においても，船舶交通のふくそうしている東京湾，伊勢湾及び瀬戸内海については海上交通安全法，港湾（港内）については港則法という海上衝突予防法の特別法を定めている。これらの法律で海上衝突予防法と異なる定めをしている場合には，海上衝突予防法に優先してこれらの法律の規定が適用されるので注意が必要である。海事関係者は，海上衝突予防法を熟知しなければならないのはいうまでもないが，同時に海上交通安全法及び港則法の内容も十分理解していなければならない。

---

* 72 年規則第 1 条(b)
「この規則のいかなる規定も，停泊地，港湾，河川若しくは湖沼又は公海に通じかつ海上航行船舶が航行することができる内水路について，権限のある当局が定める特別規則の実施を妨げるものではない。」

II 各　　論

第1章 総　　則

■（目　的）

第1条　この法律は，1972 年の海上における衝突の予防のための国際規則に関する条約に添付されている 1972 年の海上における衝突の予防のための国際規則の規定に準拠して，船舶の遵守すべき航法，表示すべき灯火及び形象物並びに行うべき信号に関し必要な事項を定めることにより，海上における船舶の衝突を予防し，もつて船舶交通の安全を図ることを目的とする。

〔**概要**〕　本法の立法趣旨を明確にした規定である。72 年規則には，本条に相当する規定はない。

解説　**1**．総論でもふれたとおり，本法は，72 年条約を我が国において実施するための国内法である。本条は，本法が 72 年規則の内容を忠実に取り込んだものであり，72 年規則と本法とでその趣旨に何ら違いはないことを明確にしているものである。なお，「準拠して」とは，のっとっての意味であり，内容そのものに忠実であることを表わしている。

2．海上衝突予防法は，「航海術の運用マニュアル」という性格を持っているため，従来から単に内容だけでなく，その条文構成，表現までもできる限り国際規則に忠実に国内法化されてきており，数ある国際規則の国内法化の立法例の中でもその条文構成，表現までもが国際規則に忠実であるという点において極めて特異の存在であった。

3．本法も伝統に従い，基本的には72年規則に条文構成，表現においても忠実であるように配慮する一方，旧法と本法との間の継続性の明確化，国内法としての立法形式への適合性等を考慮して必要最小限度の条文構成，表現の変更を行っている。

■（適用船舶）

第2条　この法律は，海洋及びこれに接続する航洋船が航行することができる水域の水上にある次条第1項に規定する船舶について適用する。

〔**概要**〕 本法の適用水域及び適用船舶を規定したものである。

解説　**1．適用水域**

海洋に限らず，航洋船が航行できるすべての水域が含まれる。河川であっても航洋船が海洋から連続して航行できるようなものであれば，適用水域となる。この場合，航洋船が海洋から連続して航行できるということが要件であり，芦の湖，琵琶湖のように相当大型の船舶が航行する水域であっても，航洋船が海から遡って行けないような水域には適用されない。本法は，各国の船舶が混在する水域における交通ルールの国際的統一ということを目的としているからである。

2．航洋船

陸岸から相当程度離れた沖合を長時間航行できる船舶のことであり，典型的なものとしては国際航海に従事するような船舶を想定している。ろかい舟，はしけのようなものがこれに含まれないことはいうまでもない。

3．適用船舶

1.の適用水域の水上にある船舶は，すべて対象となる。適用水域にある限り，航洋船に限らず，ろかい舟，はしけのようなものもすべて本法の適用を受ける。

■（定　義）

第3条　この法律において「船舶」とは，水上輸送の用に供する船舟類（水上航空機を含む。）をいう。

2　この法律において「動力船」とは，機関を用いて推進する船舶（機関のほか帆を用いて推進する船舶であつて帆のみを用いて推進しているものを除く。）をいう。

3　この法律において「帆船」とは，帆のみを用いて推進する船舶及び機関のほか帆を用いて推進する船舶であつて帆のみを用いて推進しているものをいう。

4　この法律において「漁ろうに従事している船舶」とは，船舶の操縦性能を制限する網，なわその他の漁具を用いて漁ろうをしている船舶（操縦性能制限船に該当するものを除く。）をいう。

5　この法律において「水上航空機」とは，水上を移動することができる航空機をいい，「水上航空機等」とは，水上航空機及び特殊高速船（第23条第３項に規定する特殊高速船をいう。）をいう。

6　この法律において「運転不自由船」とは，船舶の操縦性能を制限する故障その他の異常な事態が生じているため他の船舶の進路を避けることができない船舶をいう。

7　この法律において「操縦性能制限船」とは，次に掲げる作業その他の船舶の操縦性能を制限する作業に従事しているため他の船舶の進路を避けることができない船舶をいう。

一　航路標識，海底電線又は海底パイプラインの敷設，保守又は引揚げ

二　しゆんせつ，測量その他の水中作業

三　航行中における補給，人の移乗又は貨物の積替え

四　航空機の発着作業

五　掃海作業

六　船舶及びその船舶に引かれている船舶その他の物件がその進路から離れることを著しく制限するえい航作業

8　この法律において「喫水制限船」とは，船舶の喫水と水深との関係によりその進路から離れることが著しく制限されている動力船をいう。

9　この法律において「航行中」とは，船舶がびよう泊（係船浮標又はびよう泊をしている船舶にする係留を含む。以下同じ。）をし，陸岸に係留をし，又は乗り揚げていない状態をいう。

10　この法律において「長さ」とは，船舶の全長をいう。
11　この法律において「互いに他の船舶の視野の内にある」とは，船舶が互いに視覚によつて他の船舶を見ることができる状態にあることをいう。
12　この法律において「視界制限状態」とは，霧，もや，降雪，暴風雨，砂あらしその他これらに類する事由により視界が制限されている状態をいう。

〔概要〕　本条は，本法全般に使用される用語のうち重要なもの，基本的なものを定義した規定である。特定の章のみに使用される用語については，その章で定義されている（第 3 章　灯火及び形象物—第 21 条，第 4 章　音響信号及び発光信号—第 32 条）。

解説　**1．船舶**

72 年規則では，「水上輸送の用に供され又は供することができる」とあるように，現に水上輸送の手段として用いられているものだけでなく，用いられる可能性のあるものを含んでいる。また，国籍，種類，大小の如何を問わない。自航性があろうがあるまいが，人又は物を乗せて水上を移動できるものはすべて船舶に該当する。したがって，本法にあっては水上航空機も船舶として取り扱われる。

なお，72 年規則では水上航空機と合わせて船舶には無排水量船を含むと規定してあるが，我が国では無排水量船が船舶であることは自明であるので特記はしなかった。

2．動力船

推進力を得る手段として機関を利用する船舶を意味する。なお，動力船であっても，例えば漁ろうに従事中の動力船等，その作業の状態等によっては漁ろうに従事している船舶（第 4 項），運転不自由船（第 6 項），操縦性能制限船（第 7 項）としての規制を受けることになるので注意を要する（このことは，帆船の場合も同様である。例えば，漁ろうに従事している帆船等）。機帆船については，機関を用いているか帆を用いているかによって，動力船として扱われる場合と帆船として扱われる場合がある（機関を用いずに帆だけを用いている場合を帆船ととらえ，その他のすべての場合を動力船ととらえている。表参照。）。

	帆 使 用	機関使用	帆船，動力船の別
A	○	○	動力船
B	○	×	帆　船
C	×	○	動力船
D	×	×	動力船

○：使用している。　×：使用していない。

3．帆船

推進力を得る手段として帆のみを用いている船舶を意味する。

4．漁ろうに従事している船舶

旧法では，「『漁ろうに従事している』とは，網，なわ（引きなわを除く。）又はトロール（けた網その他の漁具を水中で引くことをいう。）により漁ろうをしていることをいう。」（第1条第3項第十四号）と定義しており，漁具，漁法の種類が網，引きなわ以外のなわ，トロールに限定されていたが，本法では，「船舶の操縦性能を制限する網，なわその他の漁具を用いて漁ろうをしている船舶」としているので，旧法で規定されていた漁具，漁法以外のものでも操縦性能を制限する漁具を用いていれば，「漁ろうに従事している船舶」に含まれることとなった。

なお，72年規則ではトロールを例示しているが，第4項では，規定の重複を避けるため削除したものであり，トロールを漁ろうに従事している船舶として認めない趣旨ではない。トロールとは第26条第1項でも明らかなように，けた網その他の漁具を水中で引くことであり，第4項にいう「網，……その他の漁具を用いて……」に該当する。

「船舶の操縦性能を制限する」とは，船舶の針路・速力を変更する能力（いわゆる運動性能）を他の船舶の進路を避けることができない程度に低下させることを意味する。その判断要素としては，次のようなものが考えられる。

(1)　使用している漁具がその船舶の大きさに比較して大規模であるため，水中での抵抗が非常に大きく，漁具を投入した状態のままでは針路・速力の変更ができないか又はそれに長時間を要すること。

⑵ 漁具の回収に長時間を要すること。

船舶の操縦性能を制限する漁具の典型的なものとしては，底びき網，はえなわ，トロールが挙げられる。

5．⑴ 水上航空機

本法では船舶として取り扱われるが，その運動性能，構造上の特殊性から航法，灯火の設置について若干の特別の取扱いが認められている。（第18条第6項，第31条）

⑵ 特殊高速船

72 年規則における表面効果翼船（図 3−1 参照）に関する規定の創設を契機とし，表面効果翼船のような科学技術の進歩に伴って従来の船舶の速力とは著しく異なる速力の船舶が将来的に出現したときに，当該船舶の航法等に関する規制について迅速に対応するため，表面効果翼船を含む上記のような動力船を「特殊高速船」とし，その具体的な種類については国土交通省令で定めることとした。（現在，特殊高速船として定めているのは表面効果翼船のみ。）

特殊高速船（表面効果翼船）については，水上航空機と同様に，その運動性能，構造上の特殊性から航法，灯火の設置について若干の特別の取扱いが認められているとともに特別な灯火を表示しなければならないこととなっている。（第18条第6項，第23条第3項，第31条）

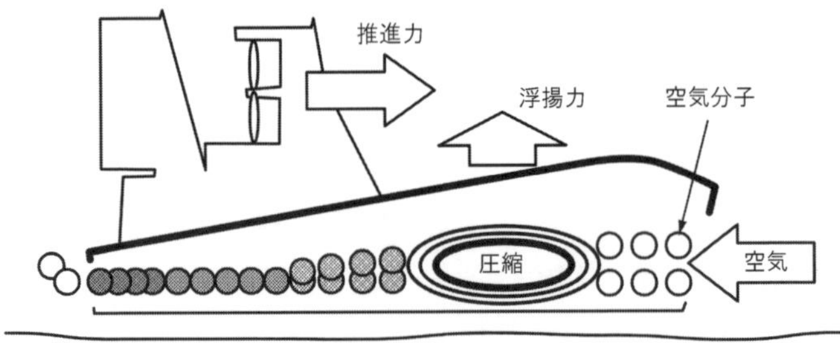

表面効果翼船：前進する船体の下方を通過する空気の圧力の反作用により水面から浮揚した状態で移動することができる動力船

（図 3−1）

6．運転不自由船

運転が自由でない状態にある航行中の船舶，即ち，主として故障船を意味するものである。

7．操縦性能制限船

端的に言えば工事作業船のことである。各号に列記されていなくても，船舶の操縦性能を制限する工事・作業に従事しているため他の船舶の進路を避けることができない船舶（例えば，石油掘削作業に従事している船舶）は，すべてこれに該当する。

困難なえい航作業とは，舵の故障している船舶を引いている場合等がこれに該当するが，海上交通安全法の長大物件えい航船とは必ずしも一致しない。

海上交通安全法の適用海域内では，この種の工事・作業には許可・届出を必要としており（同法第40条，第41条），一般の船舶交通と工事・作業の実施との間に調整が図られていることに注意が必要である（第27条の **解説** 参照）。

8．喫水制限船

⑴　近年，巨大タンカーのように，船型が大型で喫水の深い船舶が増加してきたが，このような深喫水船は，本来，小型船に比べ操縦性能が劣っているのみならず，付近の水域の海底地形，水深及び幅如何によってはその船舶の進路から離れることが著しく制限される場合がある。このような船舶の安全を図るため，52 年改正において新たな概念規定として取り入れたものである。

⑵　ロンドンでの72年条約採択会議では，長さ，トン数等の明確な基準で喫水制限船を定義すべしとの議論もあったが，最終的にはこのような定義になったため，形式的には小型船でも水深の非常に浅く狭い所では喫水制限船になりうるが，もともとは VLCC（超巨大タンカー）を念頭に置いた概念であるということを注意する必要がある。

⑶　この定義からも明らかなように，自船が喫水制限船に該当するかどうかの判断は船長に委されている。しかし，このような定義に落ち着いた背景には，船長に対する国際的な信頼（船長というものはむやみに喫水制限船としての灯火・形象物を掲げて権利を濫用するようなことはしないものだという認識）があることを十分念頭に置く必要がある。

⑷ 喫水制限船に対しては，第 18 条に規定しているように，特別の保護（運転不自由船，操縦性能制限船以外の船舶は喫水制限船の安全な通航を妨げてはならない。なお，喫水制限船であるが故に避航船，保持船の関係が変るものではない。）が与えられる一方，十分に注意して航行することが義務づけられる。これは，船長が自らの判断で自船がそのような状態にあると判断した以上，それに応じた責任を負わせようという趣旨である（第 18 条の **解説** 参照）。

9．航行中

びょう泊をしている状態，陸岸に係留をしている状態，乗り揚げている状態は航行中ではない。本法では，これらの状態以外の状態を航行中としてとらえている。即ち，航行している場合（対水速力のある場合）と停留している場合（対水速力のない場合）がそれである。

○びょう泊：狭義では，船舶が自船の錨によって係止することのみをいう（港則法第 5 条）が，本法では錨により直接又は間接に係止されている状態を指し，係船浮標に係留している場合及びびょう泊船又は係船浮標に係留している船舶の船側に係留している場合を含む概念である（このように解するのは，係船浮標に係留している船舶等はその形態からいえば，陸岸から離れた海面において停止している点でびょう泊船と同様であるからである。*）。

---

* 第 3 章　灯火及び形象物を見ればわかるように，陸岸に係留中の船舶に対しては夜間の灯火の表示義務がかからないのに対し，びょう泊中の船舶に対しては表示義務がかかる。他船にとっては，狭義のびょう泊船と同様に海上に停留している船舶の存在を知ることは航行の安全上，必要である。

○係留：港則法では，他の停止物につなぎとめることを意味し，岸壁その他陸岸に対してはもちろん，浮標又はびょう泊船に係止する場合も含むのに対し，本法では，直接に又は間接に（岸壁その他陸岸に係留している船舶の船側に係留する等）陸岸に係留する場合のみを指している。

10．長さ

船舶の長さには，全長，水線長，垂線間長があるが，本法では全長の意味で用いている。

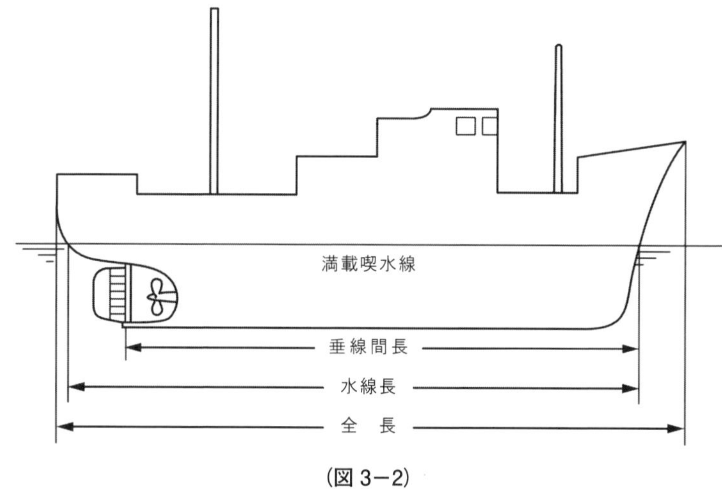

(図 3−2)

○全長：最前端から最後端までの水平距離

○水線長：満載喫水線における船首前面から船尾後面までの水平距離

○垂線間長：満載喫水線における船首前面から船尾舵柱の後縁までの水平距離

11. 互いに他の船舶の視野の内にある

2隻の船舶（実際上はその見張員）が相互に視認しあっている状態を指す。「視覚」によることが必要であり，レーダーで探知しているだけの場合はこれには該当しない。

12. 視界制限状態

「その他これらに類する事由」には，波しぶき，船舶が排出している煙，沿岸の工場から流れてくる煙等が考えられる。視界制限状態（互いに他の船舶の視野の内にない場合）においては，二船間の避航方法に関する規定は適用されない。どの程度視界が制限されると視界制限状態になるかは，船舶の大きさ，速力，水域の状況等により異なり一概には言えないが，通常の船型を想定した場合には，視程が概ね1～2キロメートルになっている場合と考えられる。

第2章　航　　　法

第1節　あらゆる視界の状態における船舶の航法

■（適用船舶）

第4条　この節の規定は，あらゆる視界の状態における船舶について適用する。

〔**概要**〕　この節の規定は，あらゆる視界の状態における船舶について適用することを明確にした規定である。

解説　第2章の航法に関する規定は，視界の状態に応じて3節に分けて規定されている（第1節　あらゆる視界の状態における船舶の航法，第2節　互いに他の船舶の視野の内にある船舶の航法，第3節　視界制限状態における船舶の航法）。これは，航法の実施に当たっては，視界の状態如何が重要なウェイトを占めており，その状態によってとるべき動作が異なってくるからである。

第1節においては，あらゆる視界の状態において適用される船舶の運航に関する基本原則が規定されているが，第9条（狭い水道等），第10条（分離通航方式）の規定は，船舶交通のふくそうする特定の水域における特別の航法を定めているものであり，第5条～第8条の規定とは性格が異なっている。

■（見張り）

第5条　船舶は，周囲の状況及び他の船舶との衝突のおそれについて十分に判断することができるように，視覚，聴覚及びその時の状況に適した他のすべての手段により，常時適切な見張りをしなければならない。

〔**概要**〕　見張りの重要性に鑑み，見張りの目的，見張りの手段を明らかにするとともに，常時適切な見張りを行わなければならないことを規定した重要な規定である。

解説　**1．見張りの重要性**

見張りを常に行うというのは，船舶運航者にとっては常識中の常識であり，殊更明文の規定を置くまでもないという考え方もありうる。しかし，本法においては，原点にたちかえり，衝突を回避するための最も基本的な事項* について力点を置いて，見張り義務について正面から規定することとした。

* 我が国周辺海域において起きた海難事故のうち衝突事故を取り上げてみると，ほぼ半数が見張り不十分が原因となって起きている。

2．適切な見張り

船舶は航行中に限らずびょう泊中等をも含めて常時適切な見張りを行わなければならない。どのような見張りが「適切な」見張りであるかは，水域の広狭，船舶のふくそう状況，視界の状態，自船の装備等様々な要素を勘案して総合的に決定されるべきものであるが，見張りの員数，配置場所，見張りに利用する手段等のいずれの観点からみても「適切な」ものでなければならない。

3．見張りの手段

見張りの手段として視覚を使わなければならないことは言うまでもないが，それ以外に聴覚（信号の聴取も見張りの重要な一要素である。），その時の状況に適した他のすべての手段を使わなければならない。手段の中には，レーダー，双眼望遠鏡，陸上レーダーステーション（例えば東京湾海上交通センター）又は他の船舶から得られる情報がある。

レーダーを使用しなければならないのはなにも視界制限状態に限られるわけではない。必要に応じレーダーを使用することが望ましい。

■（安全な速力）

第6条　船舶は，他の船舶との衝突を避けるための適切かつ有効な動作をとること又はその時の状況に適した距離で停止することができるように，常時安全な速力で航行しなければならない。この場合において，その速力の決定に当たつては，特に次に掲げる事項（レーダーを使用していない船舶にあつては，第一号から第六号までに掲げる事項）を考慮しなければならない。

一　視界の状態
二　船舶交通のふくそうの状況
三　自船の停止距離，旋回性能その他の操縦性能
四　夜間における陸岸の灯火，自船の灯火の反射等による灯光の存在
五　風，海面及び海潮流の状態並びに航路障害物に接近した状態
六　自船の喫水と水深との関係
七　自船のレーダーの特性，性能及び探知能力の限界
八　使用しているレーダーレンジによる制約
九　海象，気象その他の干渉原因がレーダーによる探知に与える影響
十　適切なレーダーレンジでレーダーを使用する場合においても小型船舶及び氷塊その他の漂流物を探知することができないときがあること。
十一　レーダーにより探知した船舶の数，位置及び動向
十二　自船と付近にある船舶その他の物件との距離をレーダーで測定することにより視界の状態を正確に把(は)握することができる場合があること。

〔概要〕　本条は，常時安全な速力で航行することを義務づけ，あわせて衝突を防止するための最も基本的な要素である安全な速力の意味及び安全な速力を決定するに当たって考慮すべき事項について規定したものである。

解説　1.「安全な」というのは，自船にとっても他船にとっても安全であるということ，即ち，どのような事態に遭遇しても衝突を惹き起こさないということを意味し，安全な速力の保持義務の究極的な意図がどこにあるかということを明確にしたものである。ただ，どの程度の速力が安全な速力であるかは，自船の性能や周囲の状況によって異なり，画一の基準を示すことはできない。各号に列挙してあるような自船の性能，周囲の状況に関する事項を十分念頭に置き，これらの事項を総合的に勘案した結果，経験則をもとに割り出されるものである。

2. 船長，船員等の関係者は，自船がレーダー装備船である場合には，一号～十二号に列挙してある事項を，レーダー装備船でない場合には，一号～六号

に列挙してある事項を十分認識し，また熟知していなければならない。これらの事項のうちの一つでも見落としがあれば，それによって決定された速力は果たして安全なものであるかどうか疑問である。ただ，ここに列挙された事項は，速力の決定の際に考慮すべき事項のすべてではない。ここに列挙した事項は，あくまでも例示であり，船員の判断の参考に供しているにすぎない。

⑴ 視界の状態

速力を決定するに際して最も重要な要素の一つは視界の状態である。視界が良好な場合と制限されている場合とでどちらがより速い速力で航行することを許容されるか，自ずと明らかであろう。視界制限状態において高速力で航行すれば，近距離で他船を視認した場合，どのような動作をとるべきかを判断するために十分な時間的余裕が得られない。

⑵ 船舶交通のふくそうの状況

船舶交通の流れが稠密である場合だけでなく，その海域における船舶の密度が高いことをも意味し，72 年規則にいう漁船その他の船舶の集中を含む概念である。

⑶ 自船の操縦性能

船舶の操縦性能は，各船ごとに千差万別である。しかも，各船についてみても，操縦性能は常に一律であるわけではない。積荷のない時とある時とでは操縦性能は明らかに異なっている。また，水深が浅くなり，余裕水深が少なくなってくると，旋回径は大きくなってくる。このように，操縦性能は，個々の状況に応じて異なっている。

船舶の運航に当たっては，自船の置かれている状況を十分に認識するとともに，そのような状況のもとでは，自船がどのような操縦性能を有しているかを十分に念頭に置いておく必要がある。

⑷ 灯光の存在

船が港に近づいてくると，ネオンサインをはじめ大小さまざまの灯火が一時に目に入ってきて眩惑されることがある。このような背景灯火が存在すると，他船の灯火は非常に見分けにくくなる。このようなときには，十分な時間的余裕をもって他船の存在を識別できるように速力を落とす必要がある。

⑸ 風，海潮流の状態等

風，海潮流の状態がどうなっているか常に把握しておく必要がある。風，海潮流が操船に与える影響は非常に大きい。また，海面の状態によっては小型船舶が非常に見えにくい場合があることに注意を要する。自船の周囲にどのような航路障害物があるか，それとの距離はどの程度か，常に念頭に置いておくことは，将来避航動作を決定する上で必要である。

⑹ 喫水と水深との関係

周囲の水域の水深がどの程度で，自船の現在の喫水は何メートルかを認識しておくことの重要性はいうまでもない。水深が浅くなり，余裕水深がなくなってくると，操縦性能が悪くなるし，浅水影響も生じることに注意を要する。なお，「水深」とは利用可能な水深の意味である。

⑺ レーダーの特性等

レーダーには，最大探知距離，最小探知距離，分解能，レーダー画面上に表示された船舶等の位置の精度等その性能及び探知能力の限界があり，特に視界制限状態においては，レーダー情報が主たる情報になるので，これらについて十分考慮した上で安全な速力を決定しなければならない。

なお，「特性」とは，レーダーを構成している機器（アンテナ，指示器の画面等），レーダーに使用されている電波の型式及び周波数等に帰因するレーダー特有の性質，「性能」とは，レーダーにより物件を探知することができる最大の距離及び最小の距離，レーダー画面上に表示された物件の位置の精度並びに互いに近接した物件を探知する場合において，これらをレーダー画面上に区分して表示する能力をいい，また，「探知能力の限界」とは，レーダーを最も適切に使用した場合において，物件を探知することができる最大の距離及び最小の距離，画面上における当該物件の位置の最大の精度等レーダー性能上の限界をいう。

⑻ レーダーレンジによる制約

レーダーレンジのうち，長距離レーダーレンジを使用する場合，明確さと識別性が減退し，小さな物標は映像として現われにくくなる。一方，短距離レーダーレンジでは，物標の早期発見が不可能であるし，また，付近水域の全般的な状況把握ができない。このように，使用しているレーダーレンジの如何により，物件の位置を表示する範囲及び当該物件の位置の測定精度が異なってくることを十分考慮しなければならない。

⑼ **干渉原因**

雨が強いとき又は風浪が大きいときなど，これらの反射電波をレーダーがとらえるため，大きな物標でさえもハッキリ識別できないことがある。このような場合は，S.T.C.（海面反射抑制）またはF.T.C.（雨雪反射抑制）により，それらの不要反射電波を制御しなければならないが，干渉がひどいときは速力を落とす必要がある。

⑽ **小型船舶等の探知**

小型船舶，氷塊その他の漂流物は，電波の反射面積が小さいため，映像としてキャッチするための十分な反射電波が返って来ないことがあり，それらを探知できないことがある。従って，小型船舶，氷塊等に出会いそうな水域においては，視界の範囲内で船舶を十分に停止させることのできる速力にしなければならない。

⑾ **レーダーにより探知した船舶の数等**

安全な速力を決定する場合，自船付近の交通状況を考慮しなければならない。特に，視界制限状態においては，レーダー画面上に表示された船舶の数が多いほど衝突のおそれが存在する可能性が高いし，また，船首方向に探知された船舶の方が，正横方向あるいは船尾方向に探知された船舶より危険性が高いことに注意する必要がある。

⑿ **レーダーによる視界状態の把握**

霧やもやが発生した場合，その視界の状態をいち早く把握する必要がある。例えば，霧堤などから急に他の船舶が現われたとき余裕をもって船舶を停止させることができる速力にしなければならないからである。他の船舶，航路標識等の物標が付近にある場合，視覚によって見えるか又はそれらが視界から消えるときに，レーダーによりそれらの物標までの距離を観測すれば視界の範囲を決定することができる。

■（衝突のおそれ）

第7条　船舶は，他の船舶と衝突するおそれがあるかどうかを判断するため，その時の状況に適したすべての手段を用いなければならない。

2　レーダーを使用している船舶は，他の船舶と衝突するおそれがあることを早期に知るための長距離レーダーレンジによる走査，探知した物件のレーダープロッティングその他の系統的な観察等を行うことにより，当該レーダーを適切に用いなければならない。

3　船舶は，不十分なレーダー情報その他の不十分な情報に基づいて他の船舶と衝突するおそれがあるかどうかを判断してはならない。

4　船舶は，接近してくる他の船舶のコンパス方位に明確な変化が認められない場合は，これと衝突するおそれがあると判断しなければならず，また，接近してくる他の船舶のコンパス方位に明確な変化が認められる場合においても，大型船舶若しくはえい航作業に従事している船舶に接近し，又は近距離で他の船舶に接近するときは，これと衝突するおそれがあり得ることを考慮しなければならない。

5　船舶は，他の船舶と衝突するおそれがあるかどうかを確かめることができない場合は，これと衝突するおそれがあると判断しなければならない。

〔概要〕　本条は，衝突のおそれの有無を判断するための手段，衝突のおそれの有無を判断する際の留意事項等について規定したものである。

解説　1．船舶は，その時の状況に適したすべての手段を用い他の船舶と衝突するおそれがあるかどうかを判断しなければならない（第1項）。

「その時の状況に適したすべての手段」とは，自船の船橋当直者の員数，装備している機器，船舶交通のふくそう状況を含め周囲の状況等を十分考慮した上での社会通念上考えられる手段をいう。例えば，視界良好時のコンパス方位の変化の確認，視界制限状態におけるレーダーによる確認などがあげられる。また，これらの機器が装備されていないか，故障のため使用できない場合であっても，船橋の窓枠と見張員の目のトランシットを利用する方法などが考えられる。ここで注意しなければならないのは，レーダーの使用が視界制限状態においてのみ要求されていると解釈してはならないことである。視界が良好なときであっても，レーダーは適切に使用されなければならない（第2項）。

2．レーダーの使用（第2項）

⑴ 長距離レーダーレンジによる走査

レーダーには，RANGE SWITCH（映像表示範囲切換え）がある。船舶は，周囲の状況等に応じこれを操作し，適切なレーダーレンジを選択しなければならない。

ここでは，長距離レーダーレンジを使用することにより，肉眼で見ることができない遠方の他の船舶の存在を早期に知ることができ，また，その後の衝突を避けるための避航動作を決定するうえで時間的余裕が得られるので，衝突のおそれの有無を早期に判断するために，レーダーの適切な使用方法として長距離レーダーレンジの活用を要求しているのである。

⑵ レーダープロッティング等

レーダーにより連続的に観測されていても，接近してくる船舶の方位又は距離が一定の間隔で把握されておらず，また，レーダープロッティング又はそれと同程度の効果を有する方法によって，衝突のおそれの有無等が検討されていないならば，レーダーが適切に使用されているとは言えない。つまり，第2項は，レーダーにより連続的に得た情報をレーダープロッティングその他の系統的な観察方法により，十分検討するなど衝突防止のためにレーダーを活用するよう要求しているのである。

なお，「その他の系統的な観察」には，簡単なプロッティング装置（リフレクションプロッター）から自動コンピュータシステムによる観察まで含まれ，また，そのような装置を持たないか，又は，周囲の状況から判断してプロットするのが実際的でない場合の規則正しい，かつ，短い時間での方位又は距離のチェックも含まれる。

3．前述したように，衝突のおそれの有無を判断するためには，あらゆる努力をしなければならないが，一方，慎重を要する。特に，不十分なレーダー情報その他の不十分な情報に基づいて衝突のおそれの有無を判断することは厳に戒めなければならない（第3項）。

最近，レーダー機器の信頼性が非常に高まったとはいえ，衝突のおそれの有無を判断するための「十分なレーダー情報」というためには，一般に，次の事項が充たされる必要がある。

⑴　船舶（物件）の同一性が確認できること。

⑵　映像として表示されていない船舶（物件）が周囲に存在しないことが判断できること。

⑶　船舶（物件）の位置が一定以上の精度で表示されていること。

⑷　船舶（物件）が連続して表示されていること。

⑸　レーダー機器の整備・調整等が正しくなされ，正常に作動したうえでの情報であること。

4．衝突のおそれの判断（第4項）

⑴　接近してくる他の船舶のコンパス方位に明確な変化が認められない場合，これと衝突するおそれがあることは明白である。

⑵　コンパス方位により衝突のおそれの有無を判断するためには，他の船舶の特定の部分，例えば，船橋の方位を自船のコンパスで読み取り，その変化の有無により判断するが，これはあくまで，他の船舶の船橋付近と衝突するかどうかを判断しているものである。従って，えい航作業に従事している船舶等その長さの非常に長いものや近距離で接近してくる船舶については，その特定の部分のコンパス方位が明確に変化していても，当該船舶等の他の部分（コンパス方位の変化を確認した部分以外）と衝突するおそれがあり得る。

この第4項後段の規定は，コンパス方位により衝突のおそれの有無を判断する場合，このような点に十分注意する必要があることを述べたものである。

5．確かめることができない場合（第5項）

この意義は，「その時の状況に適したすべての手段を用いても，なお衝突のおそれがあるかどうか疑わしい場合」ということである。この場合，漫然と航行することは，若し衝突するおそれがあった場合，衝突を避けるための動作をとる時期を逸する可能性が高く極めて危険なので，衝突のおそれがあると判断しなければならないとして危険を未然に防止しようというものである。なお，第5項は，72年規則第7条(a)後段の規定に対応する規定である。

■（衝突を避けるための動作）

第8条　船舶は，他の船舶との衝突を避けるための動作をとる場合は，できる限り，十分に余裕のある時期に，船舶の運用上の適切な慣行に従つてためらわずにその動作をとらなければならない。

2　船舶は，他の船舶との衝突を避けるための針路又は速力の変更を行う場合は，できる限り，その変更を他の船舶が容易に認めることができるように大幅に行わなければならない。

3　船舶は，広い水域において針路の変更を行う場合においては，それにより新たに他の船舶に著しく接近することとならず，かつ，それが適切な時期に大幅に行われる限り，針路のみの変更が他の船舶に著しく接近することを避けるための最も有効な動作となる場合があることを考慮しなければならない。

4　船舶は，他の船舶との衝突を避けるための動作をとる場合は，他の船舶との間に安全な距離を保つて通過することができるようにその動作をとらなければならない。この場合において，船舶は，その動作の効果を当該他の船舶が通過して十分に遠ざかるまで慎重に確かめなければならない。

5　船舶は，周囲の状況を判断するため，又は他の船舶との衝突を避けるために必要な場合は，速力を減じ，又は機関の運転を止め，若しくは機関を後進にかけることにより停止しなければならない。

〔概要〕　本条は，船舶が他の船舶との衝突を避けるためにとる動作及び衝突を避ける場合等に考慮しなければならない事項等について規定したものである。

解説　**1．**船舶は，他の船舶との衝突を避けるための動作をとる場合は，できる限り，時間的に十分な余裕があるうちにその動作をとり，かつ，船舶の運用上の適切な慣行に従って，ためらわずにその動作をとらなければならない（第1項）。

「余裕のある時期」に避航動作をとることにより，その後の関係を余裕をもって観察できるし，第三の船舶との衝突のおそれについても判断できる余裕が生まれるわけである。

「船舶の運用上の適切な慣行」とは，現在の状況において，船舶としてどのような動作をとることが最も望ましいか，という個々の事例が長い間に積み重なって経験則として確立してきたものを意味する。

海上衝突予防法は，本来，これら経験則の集大成であり，その多くが明文として規定されているが，具体的に規定されていない事項であって，「船舶の運用上の適切な慣行」に該当するものとして，例えば次のような事項がある。

⑴　第 17 条第 3 項の規定により，保持船がとらなければならない最善の協力動作として，推進機関を停止し，又は，後進にかけることによりその航行速力を減じること。

⑵　狭い水道，港等を航行する場合，投錨の準備，機関操作の用意等を行い，他船が急に出現して危険が迫った場合に適切な動作がとれるように備えておくこと。

（注）2001 年の第 22 回 IMO 総会において採択された 72 年規則一部改正では，第 8 条⒟の規定のみに従い，B 部の他の規定を考慮しないで航行する船舶（真向かい又はほぼ真向かいに行き会う場合に安全な距離を保とうと左に変針して衝突する船舶）が存在するとの実態を踏まえ，同条に新たに「この部の規則に従って」との規定が盛り込まれたが，本法においては，法律の構成上，上記 72 年規則の改正の趣旨は既に盛り込まれているとして当該規定に係る改正は行われていない。

2．針路又は速力の変更は，できる限り，その変更を他の船舶が容易に認めることができるよう，即ち，避航船がどのような動作をとっているか保持船に疑問を生ぜしめない程度に大幅に行わなければならない（第 2 項）。小きざみな針路又は速力の変更は，特に視界制限状態や夜間においては，相手船に誤解を与えやすく避けなければならないことは当然である。

「できる限り」とは，余裕水深のないことその他の原因により大幅な変更をなし得ない状態について規定したものである。

なお，「針路又は速力の変更」とは，針路か速力のどちらか一方の変更と針路・速力の両方の変更を意味している。

3． 次の要件を充たす場合には，針路のみの変更が他の船舶に著しく接近することを避けるための最も有効な動作となる場合がある（第3項）。

⑴ 広い水域であること。

⑵ 新たに他の船舶に著しく接近することとならないこと。

⑶ 適切な時期に行われること。

⑷ 動作は大幅に行われること。

4． ⑴ 衝突を避けるための動作は，安全な距離で通過することができるものでなくてはならず，また，船舶は，その動作が確実に避航の効果をあげているか否かを，他の船舶が通過して十分遠ざかるまで慎重に確かめなければならない（第4項）。

⑵ 「他の船舶との間の安全な距離」とは，船舶の大小，他船の動静，視界の状態，海潮流の状況，水域の広狭等により異なってくるので，一概に決定できないが，少なくとも，相手船に疑問を抱かせ，不安を与えるような距離であってはならない。

5． ⑴ 船舶は，周囲の状況を判断するため，又は他の船舶との衝突を避けるため必要な場合，速力を減じ，又は機関の運転を止め，若しくは機関を後進にかけて停止する必要がある（第 5 項）。「必要な場合」とは，ここにおいては，かなり緊迫した状態を示し，客観的に必要と認められる場合のことを指す。例えば，視界制限状態においては，正横より前方にある船舶と著しく接近する状態が避けられない場合，又は霧中信号が正横より前方から聞こえる場合などは，通常，速力を減少するか又は停止する必要があると認められる。

⑵ 一般的に速力の減少又は停止は，針路の変更に比べて敬遠されがちであるが，周囲の状況を判断するためには，速力の減少又は停止により時間的余裕を得ることが望ましい。

ここでは，速力の減少又は停止は，必要な場合，ためらわずに行われなければならない旨を規定したものである。

なお，「機関の運転を止め」とは，文字通り機関の運転を止める場合のほか，可変ピッチプロペラを使っている船舶については，当該プロペラをニュートラルの状態にすることを含む意味である。

6．⑴　72 年規則における「通航を妨げてはならない」の意味を明確にするため，1987 年 11 月の IMO 第 15 回総会で次のような規定が 72 年規則に追加することが採択され，1989 年（平成元年）11 月 19 日に発効した。

第８条　衝突を避けるための動作

(f)(i)　この規則の規定によって他の船舶の通航又は安全な通航を妨げてはならないとされている船舶は，状況により必要な場合には，他の船舶が安全に通航することができる十分に広い水域を開けるため，早期に動作をとらなければならない。

(ii)　他の船舶の通航又は安全な通航を妨げてはならない義務を負う船舶は，衝突のおそれがあるほど他の船舶に接近する場合であってもその義務が免除されるものではない。また，動作をとる場合には，この部の規定によって要求されることがある動作を十分に考慮しなければならない。

(iii)　2 隻の船舶が互いに接近する場合において衝突のおそれがあるときは，通航が妨げられないとされている船舶は，引き続きこの部の規則に従わなければならない。

この規定の追加によって①改正前の 72 年規則では避航船が「他の船舶の進路を避ける動作をとる時期」は他の船舶と「衝突するおそれがあるとき」と明記されていたが，「他の船舶の通航を妨げないための動作」はいつ行うべきか明らかではなかった。これが第 8 条(f)の(i)及び(ii)により，通航を妨げないための動作は衝突のおそれが生ずる以前から生じていることが明確になり，避航義務と通航妨害禁止義務の 2 つの義務が別であることが明確になり，②「他の船舶の通航を妨げないための動作」が何であるかは，従来文言上明らかではなかったが，これが 8(f)の(i)により「他の船舶が安全に通航することができる十分に広い水域を開けるための動作」であることが明確にされた。

⑵　この新規定は，本法の「通航を妨げてはならない」，「通航を妨げることができることとするものではない」及び「航路を妨げないようにしなければならない」の語句を含む次に掲げる規定の解釈において重要な関係を持つこととなる。

第9条	第2項	狭い水道等における帆船と動力船との航法
	第3項	狭い水道等における漁ろう船と他の船舶との航法
	第6項	狭い水道等における長さ 20 メートル未満の動力船と他の動力船との航法
第10条	第6項	分離通航方式における帆船と動力船との航法
	第7項	分離通航方式における漁ろう船と他の船舶との航法
	第8項	分離通航方式における長さ 20 メートル未満の動力船と他の動力船との航法
第18条	第4項	喫水制限船に関する航法
	第6項	水上航空機等に関する航法

■（狭い水道等）

第9条 狭い水道又は航路筋（以下「狭い水道等」という。）をこれに沿つて航行する船舶は，安全であり，かつ，実行に適する限り，狭い水道等の右側端に寄つて航行しなければならない。ただし，次条第2項の規定の適用がある場合は，この限りでない。

2 航行中の動力船（漁ろうに従事している船舶を除く。次条第6項及び第 18 条第 1 項において同じ。）は，狭い水道等において帆船の進路を避けなければならない。ただし，この規定は，帆船が狭い水道等の内側でなければ安全に航行することができない動力船の通航を妨げることができることとするものではない。

3 航行中の船舶（漁ろうに従事している船舶を除く。次条第7項において同じ。）は，狭い水道等において漁ろうに従事している船舶の進路を避けなければならない。ただし，この規定は，漁ろうに従事している船舶が狭い水道等の内側を航行している他の船舶の通航を妨げることができることとするものではない。

4 第 13 条第 2 項又は第 3 項の規定による追越し船は，狭い水道等において，追い越される船舶が自船を安全に通過させるための動作をとらなければこれを追い越すことができない場合は，汽笛信号を行うことにより追越しの意図を示さなければならない。この場合において，当該追い越される船舶は，その意図に同意したときは，汽笛信号を行うことによりそれを示し，かつ，当該追越し船を安全に通過させるための動作をとらなければならない。

5　船舶は，狭い水道等の内側でなければ安全に航行することができない他の船舶の通航を妨げることとなる場合は，当該狭い水道等を横切つてはならない。

6　長さ 20 メートル未満の動力船は，狭い水道等の内側でなければ安全に航行することができない他の動力船の通航を妨げてはならない。

7　第2項から前項までの規定は，第4条の規定にかかわらず，互いに他の船舶の視野の内にある船舶について適用する。

8　船舶は，障害物があるため他の船舶を見ることができない狭い水道等のわん曲部その他の水域に接近する場合は，十分に注意して航行しなければならない。

9　船舶は，狭い水道においては，やむを得ない場合を除き，びよう泊をしてはならない。

〔概要〕　本条は，狭い水道等という特定の水域に関する特別の航法を規定したものである。

解説　**1．狭い水道等**

「狭い水道」というのは，陸岸により 2 ～ 3 海里以下の幅に狭められた水道（海峡）を意味する（このような水域は日本の沿岸海域には無数に存在する。）。狭い水道では，水域が狭隘であるため一般船舶が自ら集中するとともに，多数の漁船が操業している（狭い水道は好漁場であることが多い。）ため，船舶交通がふくそうする可能性が高い。このため，二船間の避航方法を定める一般原則（第 12 条～第 18 条）だけでは航法としては十分でないので，特別の航法を定めて船舶交通の安全を図っているものである。*

* 特別の航法を定めるといっても，狭い水道について一般の航法が適用されないというわけではない。例えば，追越し関係が生ずれば第 13 条が，横切り関係が生ずれば第 15 条が狭い水道等においても適用されることはいうまでもない。

本法では，このような特別の航法を適用する水域として新たに「航路筋」(海底の地形，工作物等により船舶の通航できる部分が限られている水域)** を加えているが，実態的にみればそれほど大きな変更ではない。本法では，狭い水道と航路筋を総称して「狭い水道等」と呼んでいる。

** 旧法第26条でも「航路筋」という言葉を用いているが，これは「狭い水道」の航路筋，即ち，狭い水道の中の相当大型の船舶が航行できる水深の深い部分を意味し，本法の「航路筋」とは意味が異なっている。旧法の航路筋に対応する用語は，本法では狭い水道の「内側」という言葉である。

2．右側端通航（第1項）

狭い水道というもともと水域が狭隘なうえに船舶交通のふくそうする場所では，二船間の避航方法を定める一般原則だけに委ねていたのでは，無数の見合い関係が生じ，避航水域の余裕もなく，非常に危険である。

本法では，「安全であり，かつ，実行に適する限り，狭い水道等の右側端に寄って」航行することを義務づけることにより，右側通航の趣旨を徹底している。これにより，喫水の浅い小型船ほど右側に寄ることになり，喫水の深い大型船が水道の中央の深水部を航行することが可能となる。「安全である限り」という前提があるのは，場合によっては，地形，潮流，風等の自然条件や交通量の事情等を総合的に勘案すると，右側端通航の方が危険なことがあるかもしれないし，また，右側端といっても，船舶は喫水と水深を見合わせつつ十分な余裕水深のある範囲で右端に寄ればよいという趣旨である。「実行に適する限り」とあるのは，例えば，狭い水道の左側にある桟橋に接げんしようとするような場合にまで右側通航を義務づけるのは実際的でないことによる。

狭い水道等に分離通航方式が設定され，そこで特別の交通方法が定められた場合には，分離通航方式による交通方法が第 9 条第 1 項の規定に優先して適用される（第1項ただし書)。

3．漁ろうに従事している船舶と他の船舶との航法関係（第3項）

〔参考〕 ○旧法

（漁船と接近する場合の航法）

第26条　漁ろうに従事している船舶以外の航行中の船舶（第 4 条の規定が適用されるものを除く。）は，漁ろうに従事している船舶の進路を避けなければならない。但し，この規定は，漁ろうに従事している船舶が航路筋において他の船舶の航行を妨げることができることとするものではない。

○ 72 年規則

第9条　狭い水道

(c) 漁ろうに従事している船舶は，狭い水道又は航路筋の内側を航行している他の船舶の通航を妨げてはならない。

第18条　各種船舶の責任

第9条，第 10 条及び第 13 条に別段の定めがある場合を除くほか，

(a) 航行中の動力船は，次の船舶の進路を避けなければならない。

(i) 運転が自由でない状態にある船舶

(ii) 操縦性能が制限されている船舶

(iii) 漁ろうに従事している船舶

(iv) 帆船

(b) 航行中の帆船は，次の船舶の進路を避けなければならない。

(i) 運転が自由でない状態にある船舶

(ii) 操縦性能が制限されている船舶

(iii) 漁ろうに従事している船舶

(1) 通航と漁業操業の調整

狭い水道は，一般船の通路として利用されるとともに，好漁場として漁船にも利用されるという両面性を有するため，この水域における通航と漁業操業の調整という問題が他の海域にもまして重要である。海上衝突予防法は単なる交通ルールを定める法律であるので，狭い水道において一般船の通航を禁止したり，逆に漁業操業を禁止するというような方策をとることはできない。狭い水道が一般船にとっても漁船にとっても貴重な水域であるという事実をふまえつつ，両者の共存共栄を図っているわけである。

(2) 旧法第26条の趣旨

漁ろうに従事している船舶（以下「漁ろう船」という。）とそれ以外の船舶（以下「一般船」という。）との航法関係について，旧法では第 26 条で

規定している。旧法第26条は，すべての海域における一般船の漁ろう船に対する避航義務を本文で，狭い水道における漁ろう船の通航妨害行為の禁止を但書で規定している。ここで，「進路を避ける」及び「通航を妨げる」という用語の概念と，本文と但書の関係について十分注意する必要がある。

(i) 「進路を避ける」というのは，甲乙 2 隻の船舶が接近し，そのまま進んでいったのでは衝突するという状態にあるときに，例えば甲（避航船）の方が，乙（保持船）がそのまま針路・速力を変更しないで進むことができるように，乙の進路方向の水域をあけてやることをいい，具体的な行動としては，甲が自船の針路又は速力を変更することが要求される。

「通航を妨げる」とは，丙丁 2 隻の船が接近する場合において，例えば丙の方が，丁の進もうとする方向の水域（丁の進路方向の水域及び丙の進路を避けるための避航水域）を閉塞して，丁の通航を不可能にすることをいい，「通航を妨げてはならない」又は「通航を妨げることができることとするものではない」*** とは，相手船の通航が可能なように水域の一定部分をあけておくことを意味する。上記例の場合であって衝突のおそれがあるときには，丙は丁の進路を避ける必要はなく，丙は，丁が丙の進路を避けて安全に通航できる水域をあけておくことを要求されるもので，「進路を避けなければならない」とは明らかに意味が異なる。

*** 「妨げてはならない」と「妨げることができることとするものではない」とは同一の意味である。このことは，1889年規則（明治25年法）と1948年規則（昭和28年法）とは，ともに英文では同一（shall not give to ～ the right of obstructing ～）であるのに，25年法では「妨クヘカラス」とあり，28年法では「妨げることができることとするものではない」とあることからみても明白である。英文が同一である以上，25年法と28年法との間で意味が異なるとは考えられないからである。

(ii) 旧法第26条本文は，すべての海域において適用される一般原則（操縦性能の良い船舶が自船より操縦性能の劣る船舶の進路を避ける）であり，水域の広狭を問わず適用されるものである。即ち，狭い水道においても，一般船は漁ろう船の進路を避けなければならない。但書は，そのように一般船に進路を避けてもらえる漁ろう船に対し，網を狭い水道いっぱいに張るような行動により，一般船が進路を避けられないようにしてはならないことを明らかにしたものであり，狭い水道については，本文と但書がともに適用される。

以上で明らかなように，狭い水道においては，一般船は漁ろう船の進路を避けなければならないが，他方，漁ろう船も一般船が漁ろう船を避けて進もうとする方向の水域を閉塞してしまい，避けようにも避ける余地がないような状態（通航不可能な状態）にしてはならない。旧法第26条では，このように一般船，漁ろう船両者に義務を負わせることにより，狭い水道における交通の安全を図ることとしている。

⑶　旧法（60年規則）第26条と72年規則の関係

72年規則では，旧法（60年規則）第26条本文に相当する内容が第18条⒜⒝に，旧法第26条但書に相当する内容が第9条⒞に規定されることになった。これは，狭い水道という特定の水域に関する航法及び種類の異なる船舶間の航法をそれぞれ1条（第9条及び第18条）にまとめることとしたためであり，条文構成の整理を行ったにすぎず，実質的内容に変更を与えようとしたものではない。

72年規則第18条⒜⒝の規定は，旧法第26条本文と同様狭い水道を含めすべての海域に適用され，「第9条……に別段の定めがある場合を除くほか，」の趣旨は，第9条⒞との関係に限って言えば，一般船の漁ろう船を避けるべき義務は，第9条⒞の規定に反して漁ろう船が一般船の通航を妨げてしまった場合にまでは働かないことを明確にしたものである（一般則と特別則が矛盾抵触した場合――「避けなければならない」と「妨げてはならない」とは妨げてしまった場合にのみ抵触することとなる――特別則が優先的に働くことを明らかにしたものである。）。このような状態のときは，第18条⒜⒝の規定は働かず，漁ろう船が第9条⒞の規定により通航を妨げていない状態に戻す義務が生ずる（もちろん，一般船も72年規則第2条⒜（本法第39条）の規定により必要な動作をとる義務があることはいうまでもない。）。漁ろう船が通航を妨げていない状態のときは，一般船は72年規則第18条⒜⒝の規定により漁ろう船の進路を避けなければならない。この関係は，旧法第26条の本文と但書の関係と全く同様である。

⑷ 72年規則第9条(c)と本法第9条第3項の関係

72 年規則第 9 条(c)と本法第 9 条第 3 項では，一見して明らかなように表現が異なっている。第 9 条第 3 項では，第 9 条(c)に見られないような規定（本文）が置かれている。これは，第 9 条第 3 項をできる限り旧法第 26 条に近い表現にしたことに伴うものである。⑶に述べたように，旧法と 72 年規則とでは，漁ろう船と一般船の航法関係において何らの変更はない。本法第 9 条第 3 項では，多年にわたり用いられ関係者の間では定着している旧法第 26 条の表現と同様の表現を用いることにより，72 年規則では第 9 条(c)と第 18 条(a)(b)とに分割して規定されることとなったとはいえ，狭い水道等での一般船と漁ろう船との関係は従来と変っていないことを明確にしたものである。****

**** 一般船と漁ろう船との関係は変ったという見方がある。このことは，60 年規則と 72 年規則との対比においては正しい。しかし，旧法と 72 年規則との対比においては正しくない。即ち，60 年規則では「航路筋を妨げてはならない」とあったのが，72 年規則では「航行を妨げてはならない」となり，「航路筋」が「航行」と変っている。しかし，旧法では「航行を妨げてはならない」とあり，すでに 72 年規則の「航行」と同一の表現になっている。

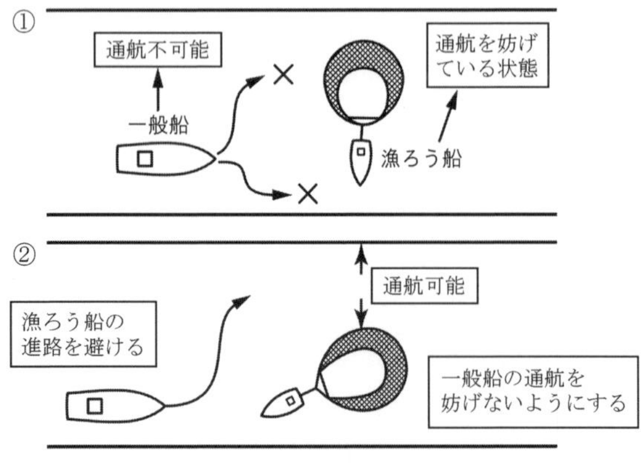

（図 9−1）

⑸　72年規則第8条(f)の追加と本法第9条第3項の関係

第8条の **解説** **6**.でも述べたように，1987年11月のIMO第15回総会で採択され，1989年（平成元年）11月19日に発効した72年規則の改正により，新たに72年規則の第8条に(f)の規定が追加され，「通航を妨げてはならない」の意味が明確になった。（*p*.37参照）

この72年規則第8条(f)の規定は当然第9条(c)の「通航を妨げてはならない」の解釈にも適用され，第9条(c)を受ける本法第9条第3項ただし書の「通航を妨げることができることとするものではない」の解釈にも適用される。したがって，「漁ろうに従事している船舶」が「狭い水道等の内側を航行している他の船舶」の通航を妨げないためにとるべき動作は衝突のおそれが生ずる以前から生じており，また，この動作は「他の船舶が安全に通航することができる十分に広い水域を開けるための動作」であることが明確になった。

4．帆船と動力船の航法関係（第2項）

第9条第2項は，第9条第3項と同様の構成となっている。これは，帆船と動力船の航法関係は漁ろう船と一般船の航法関係と同様であるので，**3**.に述べたのと同じ理由により，第9条第2項の表現を旧法（第20条第1項及び第2項）の表現に合わせたことによるものである。その航法関係は，第9条第3項の漁ろう船を帆船に，一般船を動力船に置きかえて理解すればよいものである。

〔参考〕　○旧法

（動力船と帆船とが接近する場合の航法等）

第20条　動力船と帆船とが互に衝突のおそれがある方向に進行する場合は，動力船は，第24条及び第26条に規定する場合を除き，帆船の進路を避けなければならない。

2　前項の規定は，狭い水道において，帆船が，その水道の航路筋しか航行できない動力船の安全通航を妨げることができることとするものではない。

5．追い越される船舶の協力動作を必要とする追越し（第4項）

⑴　狭い水道等は水域が狭隘であるため，速力の遅い船舶が前を航行している場合には，後続船が避航水域がなくなかなか追い越せず，船舶交通の円

滑な流れが阻害される可能性がある。このような場合に追い越そうとする船舶と追い越される船舶の間の意思の疎通を図り，円滑な追越しが可能となるように配慮したのが第4項である。

⑵　追い越される船舶の協力動作がなければ追い越すことができないような狭い水道等で他船を追い越そうとする船舶は，右げん側を追い越そうとする場合は長音，長音，短音，左げん側を追い越そうとする場合は長音，長音，短音，短音の信号を行わなければならない（第34条の **解説** 参照）。

⑶　追い越される船舶の方は，追い越そうとする船舶の意図に同意するかしないかは自由である。水域に余裕がなく危険な場合にはもちろん同意する必要はない。相手船がそれにもかかわらず追越し信号を繰り返したり，追越しを行おうとする場合には，疑問信号を行うのも一つの方法である。

⑷　同意信号（長音，短音，長音，短音）を行った場合には，相手船が追い越しやすいように，追い越そうとする側の水域をあけてやる等何らかの協力動作をとる義務が生ずる。もちろん，この場合においても，追い越そうとする船舶の他船の進路を避ける義務（第13条）が免除されるわけではない。追い越そうとする船舶は，追い越される船舶の進路を避け，十分安全な距離を保って通航しなければならない。

⑸　海上交通安全法の航路については追越し信号が定められている（同法第6条）。これは単なる注意喚起信号であり，相手船に協力動作を要求する信号ではない。海上交通安全法の航路は大部分が狭い水道にあるので，船舶は，航路においては，その目的に応じて同法の追越し信号と本法の追越し信号の 2 種類の信号を使い分けることができる。即ち，単に注意を喚起するだけで協力動作を必要としない追越しの場合には海上交通安全法の追越し信号を，協力動作を必要とする追越しの場合には本法の追越し信号を行えばよい。

⑹　海上交通安全法上は，航路で追越しを行う場合には常に追越し信号（同法第 6 条）を行う必要があるが，本法の追越し信号を行う場合には重ねて海上交通安全法の追越し信号を行う必要はない（海上交通安全法第 6 条参照）。

6．横切りの制限（第5項）

狭い水道等は水域そのものが狭隘であるうえに水深の深い部分が限られているため，大型船はその内側でなければ安全に航行することができない。近年，船舶の大型化には著しいものがあり，狭い水道等を航行する大型船の数は相当増加している。一方，狭い水道等を横断するフェリー等もその数を増している。フェリー等が狭い水道等を横切ろうとしたため，狭い水道等を，これに沿って航行している大型船と見合い関係を生じたときは，第15条が適用され，両船の位置関係によりどちらが避航船となるかが決まってくる（相手船を右げんに見る方の船舶が避航義務を負う。）。しかし，フェリー等がたまたま保持船になり，狭い水道等をこれに沿って航行している船舶が避航船になった場合であっても，その船舶が大型で喫水の深い場合には可航水域が限られるため十分な避航動作がとれないことが考えられる。第5項は，このような事態が予想される場合には，危険を未然に防止するため狭い水道等を横切ってはならないことを規定したものである。

7．長さ20メートル未満の動力船の通航妨害行為禁止（第6項）

狭い水道等は，通路，漁場として利用される以外に，ヨット，モーターボート等のプレジャーボートによりレクリエーションの場として利用されることが多い。プレジャーボートは，その使用目的が娯楽にあること，運動性能が良いことという特質から，その進行方向は必ずしも一定せず，蛇行等の特殊な航行をするケースが多い。プレジャーボートがそのような航行を行うと，狭い水道等の限られた部分しか航行できない大型船の通航が阻害される可能性が大きい。第6項は，主としてプレジャーボートを念頭に置いて大型船の通航を妨げる行為を禁止したものである。

8．視界の状態との関係（第7項）

第2章第1節の規定は，全般的にはあらゆる視界の状態において適用される（第4条）が，第9条第2項，第3項，第5項及び第6項に規定しているような「進路を避ける」とか「通航を妨げない」義務を視界制限状態にある船舶に課しても，互いに相手船を視認していない状態でこのような義務を履行することは不可能である。また，このような行為義務を視界制限状態で一方の船舶にだけ課することはかえって危険である（視界制限状態においては，接近する船舶が相互に十分な注意を払い，衝突を避けることを原則としており（第 19 条参照），一方の船舶に積極的な行為義務を課するという考えは従来からとっていない。)。従って，第 7 項においては，これらの規定（第 2 項，第 3 項，第 5 項及び第 6 項）が互いに他の船舶の視野の内にある船舶に適用されることを明らかにした。また，第 4 項の信号を行う義務を視界制限状態にある船舶に課しても，相手船はその信号を行った船舶の確認ができないのみならず，視界制限状態にある船舶が行う信号と誤認されるとかえって危険である（信号のやり方について規定している第 34 条第 4 項の規定の適用も互いに他の船舶の視野の内にある船舶に限定されている。）ので，第 4 項の規定も，互いに他の船舶の視野の内にある場合に適用されることを明らかにした。

ただ注意を要するのは，第 7 項で他の船舶の「通航を妨げない」ようにする義務の適用を互いに他の船舶の視野の内にある船舶に限ったからといって，それ以外の場合に，他の船舶の通航を妨げることを認めたということではない。すべての船舶があらゆる状態において他の船舶の通航を妨げないようにするというのは，船員の常務（第 39 条）の要求するところである。

9．わん曲部の注意航行（第 8 項）

狭い水道等のわん曲部，島かげになっている水域等一定の水域においては，視野が障害物によって遮られているため，突然他の船舶に遭遇する可能性がある。第 8 項は，このような水域に接近する船舶に対し，見張りの強化，速力の減少等必要な措置を講ずることを義務づけたものである。当該船舶は，十分に注意して航行するほか，長音 1 回の汽笛信号を行わなければならない（第 34 条第 6 項）。

10．びょう泊の禁止（第 9 項）

狭い水道（航路筋は除かれていることに注意する必要がある。）は，もともと可航水域が限られているので，その水域を更に狭め船舶交通の流れの障害となるびょう泊は，原則として禁止される。びょう泊をしている船舶は，他船との衝突を避けるための動作をとろうとしても，錨の制約があるので直ちに動作をとることはほとんど不可能である。このため，航行中の船舶がびょう泊をしている船舶を避けるというのは船員の常務の要求するところであるが，この原則を船舶交通がふくそうし，かつ，可航水域の限られている狭い水道で適用することは危険であるので，びょう泊を禁止することとした。ただし，海難を避ける場合，他の船舶を救助する場合等やむを得ない場合は，びょう泊をすることが許される。

■（分離通航方式）

第10条　この条の規定は，1972 年の海上における衝突の予防のための国際規則に関する条約（以下「条約」という。）に添付されている 1972 年の海上における衝突の予防のための国際規則（以下「国際規則」という。）第 1 条(d)の規定により国際海事機関が採択した分離通航方式について適用する。

2　船舶は，分離通航帯を航行する場合は，この法律の他の規定に定めるもののほか，次の各号に定めるところにより，航行しなければならない。

一　通航路をこれについて定められた船舶の進行方向に航行すること。

二　分離線又は分離帯からできる限り離れて航行すること。

三　できる限り通航路の出入口から出入すること。ただし，通航路の側方から出入する場合は，その通航路について定められた船舶の進行方向に対しできる限り小さい角度で出入しなければならない。

3　船舶は，通航路を横断してはならない。ただし，やむを得ない場合において，その通航路について定められた船舶の進行方向に対しできる限り直角に近い角度で横断するときは，この限りでない。

4　船舶（動力船であつて長さ 20 メートル未満のもの及び帆船を除く。）は，沿岸通航帯に隣接した分離通航帯の通航路を安全に通過することができる場合は，やむを得ない場合を除き，沿岸通航帯を航行してはならない。

5　通航路を横断し，又は通航路に出入する船舶以外の船舶は，次に掲げる場合その他やむを得ない場合を除き，分離帯に入り，又は分離線を横切つてはならない。

一　切迫した危険を避ける場合

二　分離帯において漁ろうに従事する場合

6 航行中の動力船は，通航路において帆船の進路を避けなければならない。ただし，この規定は，帆船が通航路をこれに沿つて航行している動力船の安全な通航を妨げることができることとするものではない。

7 航行中の船舶は，通航路において漁ろうに従事している船舶の進路を避けなければならない。ただし，この規定は，漁ろうに従事している船舶が通航路をこれに沿つて航行している他の船舶の通航を妨げることができることとするものではない。

8 長さ 20 メートル未満の動力船は，通航路をこれに沿つて航行している他の動力船の安全な通航を妨げてはならない。

9 前 3 項の規定は，第 4 条の規定にかかわらず，互いに他の船舶の視野の内にある船舶について適用する。

10 船舶は，分離通航帯の出入口付近においては，十分に注意して航行しなければならない。

11 船舶は，分離通航帯及びその出入口付近においては，やむを得ない場合を除き，びよう泊をしてはならない。

12 分離通航帯を航行しない船舶は，できる限り分離通航帯から離れて航行しなければならない。

13 第 2 項，第 3 項，第 5 項及び第 11 項の規定は，操縦性能制限船であつて，分離通航帯において船舶の航行の安全を確保するための作業又は海底電線の敷設，保守若しくは引揚げのための作業に従事しているものについては，当該作業を行うために必要な限度において適用しない。

14 海上保安庁長官は，第 1 項に規定する分離通航方式の名称，その分離通航方式について定められた分離通航帯，通航路，分離線，分離帯及び沿岸通航帯の位置その他分離通航方式に関し必要な事項を告示しなければならない。

〔概要〕 本条は，分離通航方式に関する航法を規定したものである。分離通航方式とは，反対方向又はほとんど反対方向に進行する船舶の通航を分離する方式のことであり，主に船舶交通のふくそうする水域における船舶交通流の整流を目的として設けられるものである。本法（72年規則）の施行前に既に63の分離通航方式が国際海事機関（IMO）によって採択され，IMOのResolution A. 284(viii)によって本条に規定しているのと同様の航法原則が適用されていた。72年規則は，あくまでも勧告によるものであったそれらの航法原則を条約上の義務に引き上げることとしたものである。

解説　**1．分離通航方式**

本条の規定は，IMOが採択した分離通航方式に適用される（第1項）ものであり，各国が独自に設定しているものには適用されない。なお，72年規則発効前にIMOで採択された63の分離通航方式には本条の適用がある（附則第2条第1項）。

(1)　**採択手続**

沿岸国がその設定をIMOに提案し，IMOの航行安全・無線通信・捜索救助小委員会（NCSR）の審議を経た後，海上安全委員会（MSC）においてその採択が決定される。

(2)　**設定方法**

分離通航方式の設定方法は，図10−1〜図10−7に示すとおりである。

(3)　**用語の意味**

(イ)　分離通航帯：分離通航方式の設定されている水域のことで，通航路，分離帯，分離線から成っている。

(ロ)　通航路：その中では一方通航が定められている一定の水域をいう。

(ハ)　分離線，分離帯：真向かい又はほとんど真向かいに行き会う交通を分離するために設けられる線又は帯状の水域をいう。

(ニ)　沿岸通航帯：分離通航帯の陸側の境界と陸岸との間の一定の水域をいい，通常，通過交通には使用されず，地域的な特別な規則を適用することができる。

IMOの採択による分離通航方式は，令和4年3月現在，ドーバー海峡，サンフランシスコ沖，ニューヨーク沖等全世界で162ヶ所設けられている。分離通航方式の詳細については，「分離通航方式に関する告示」を参照されたい。

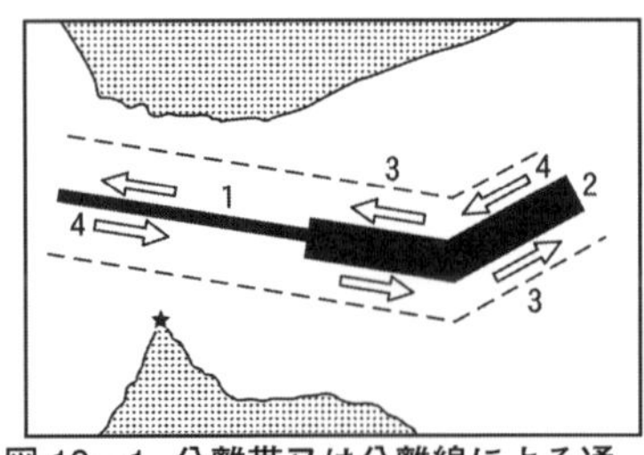

図 10−1　分離帯又は分離線による通航の分離

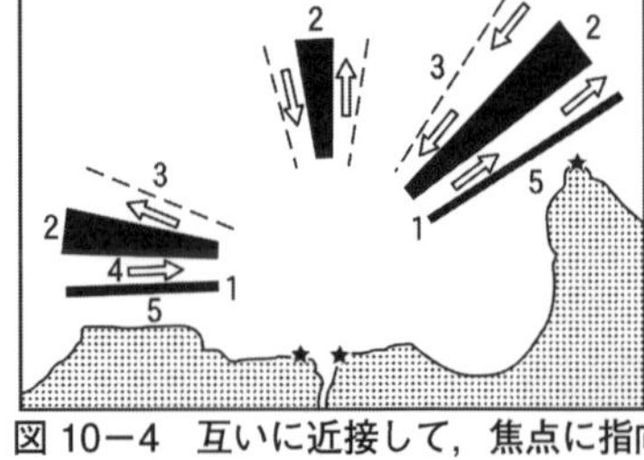

図 10−4　互いに近接して，焦点に指向する分離通航方式の扇形分割

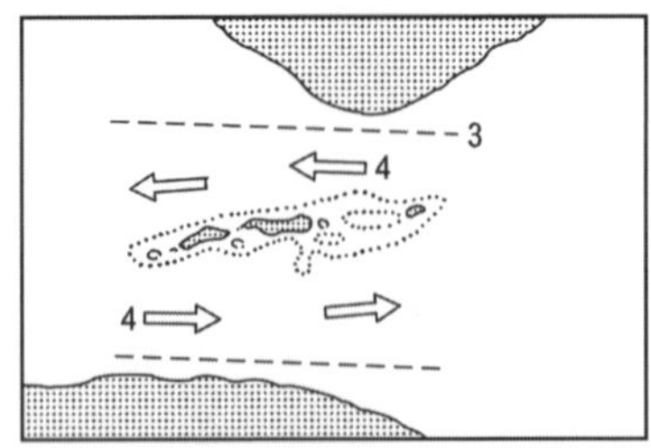

図 10−2　自然の障害物及び地理的に明確な目標による通航の分離

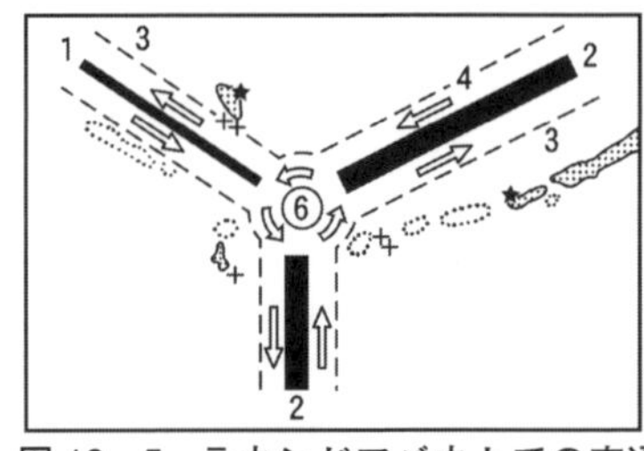

図 10−5　ラウンドアバウトでの交通の分離

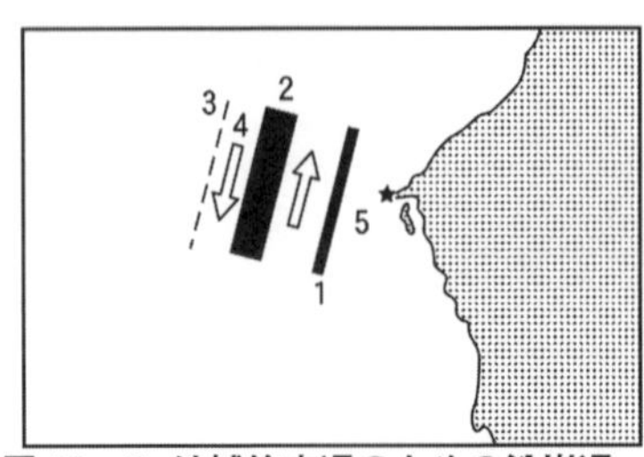

図 10−3　地域的交通のための沿岸通航帯

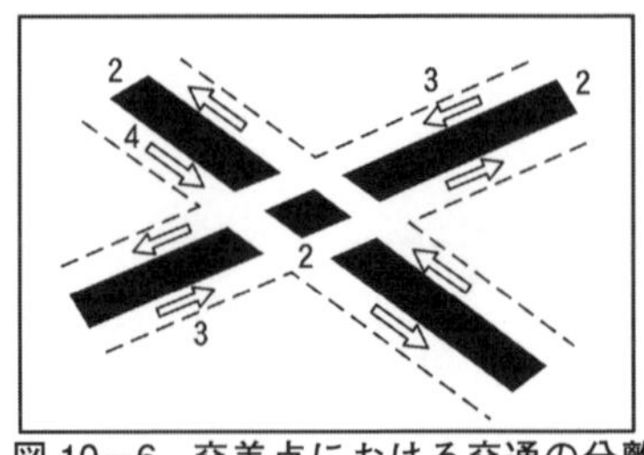

図 10−6　交差点における交通の分離

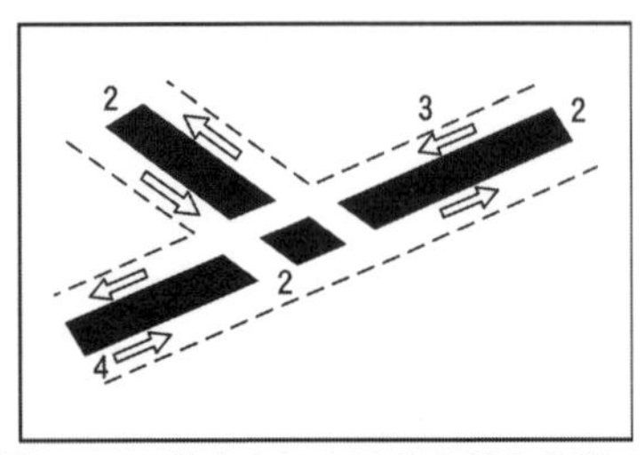

図 10−7　接合点における交通の分離

1：分　離　線
2：分　離　帯
3：通航路の外側境界
4：通 航 方 向
5：沿岸通航帯
6：円形分離帯

2．分離通航帯における航法（第2項）

分離通航帯を航行する船舶は，本条以外の規定で定める航法（第 9 条第 1 項の規定は除く。）に従うほか，以下に定める航法によらなければならないのであり，本条以外の航法規定が排除されるものではない。従って，例えば，通航路をやむを得ず横断中の船舶と通航路を定められた方向に進行中の船舶とが見合い関係になった場合に，後者が避航船になることもあり得ることに注意を要する（海上交通安全法上は上記例の場合航路航行船に避航義務はない。）。

⑴　定められた方向への進行

分離通航帯においては，分離線又は分離帯をはさんで両側に通航路が設けられているのが普通であり，通航路内は，それぞれ反対方向への一方通航となっている。通航路の進行方向は，概ね，通航路に沿い，右側通航となっている。

⑵　分離線又は分離帯との関係

分離線又は分離帯は，反対方向の通航を隔離するための緩衝地帯として設けられているものであり，同時に緊急避難場所としての意味も有しているので，その趣旨を全うするためこれからできる限り離れて航行することが要求される。

なお，分離線，分離帯は必ずしも分離通航帯の中央だけに設けられるものではないことに注意を要する。この場合には，どちらの分離線，分離帯からも離れることが必要である（右側端通航が是とされるわけではない。）。

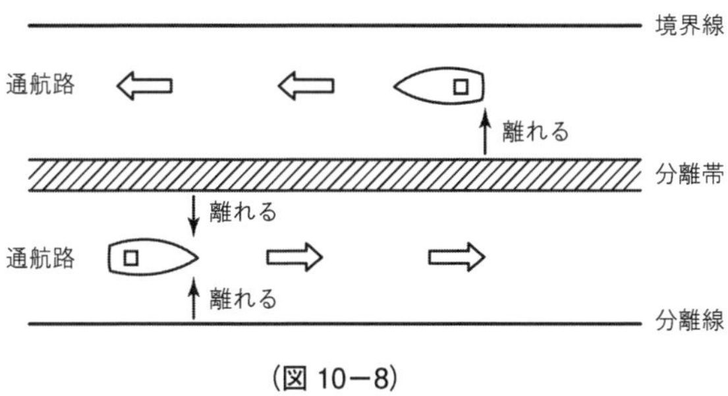

(図 10−8)

⑶ 通航路の出入口からの出入

分離通航帯は，船舶の交通流の整流を目的として設けられるものであるから，その流れにできる限りすべての船舶がのることが望ましい。通航路には一定の長さがあるが，通航路を利用する場合にはできる限り起点（入口）から終点（出口）まで流れに沿って航行することが原則である（起点，終点は海図上のポイント，航路標識によって判断することになる。）。やむを得ず出入口以外から出入りする場合には，通航路の流れを乱さないように，進行方向に対しできる限り小角度で出入しなければならない。

3．横断の禁止（第3項）

分離通航帯は，船舶交通のふくそうする水域において船舶の交通流を整流するために設けられるものであり，流れに沿わない航行を無制限に認めたのでは無数の見合い関係が生じ，わざわざ分離通航帯を設けた趣旨の大半が失われる。この観点から，通航路の横断は原則として禁止される。しかし，分離通航帯の手前の港から向こう側の港に行く場合等横断を認めざるを得ない場合も考えられる。このようなやむを得ない場合には，横断船であることを他の船舶が認識しやすくし，かつ，通航路内にいる時間をできる限り短くするため，定められた進行方向に対しできる限り直角に近い角度で横断することが要求される。

（注） 潮流が強いと，船首を直角に向けて横断すると横断船の航跡自体は斜めになってしまうことがあるが，このような場合に航跡が直角となるような横断方法をとらなければならないものではないことは，法の趣旨が横断船が通航路内にいる時間をできるだけ短くしようとするものであることから当然である。

4．沿岸通航帯の航行の禁止（第4項）

分離通航帯は，主として通過通航船のために設けられるものであるが，分離通航帯が設けられていても通過通航船がこれを航行しなければならないという義務はない。分離通航帯を航行するしないは自由であり，航行する場合には本条に定められている航法原則を遵守しなければならないとされているだけである。しかし，分離通航帯に隣接して沿岸通航帯が設けられている場合には，原則として沿岸通航帯の航行が禁止されるため，間接的に分離通航帯の航行が義務づけられる。沿岸通航帯は，その名の示すとおり沿岸航海に従事する船舶のために設けられる水域であり，分離通航帯の通航路を安全に使用することができる通過通航船が沿岸通航帯を自由に航行できることにしたのでは，このような水域を定める意味が失われるからである。ただし，長さ20メートル未満の動力船，帆船及び漁ろうに従事している船（なお，漁ろうに従事している船舶は通過通航船ではない。）については，大型商船等の通過の妨げとなるような動きをしがちで，これらの船舶にまで分離通航帯の使用を間接的に義務づけておくと，分離通航帯における船舶の整流効果がかえって阻害されるため，沿岸通航帯の使用が認められている。また，沿岸通航帯内にある港，沖合の設備若しくは構造物，パイロット・ステーションその他の場所に出入し又は切迫した危険を避ける場合等やむを得ない場合は，沿岸通航帯を航行することが認められる。

（注）　沿岸通航帯を使用することができる船舶の範囲を明確化するため1989年10月のIMO第16回総会において72年規則の次のような改正が採択され，1991年（平成3年）4月19日に発効した。

第10条　分離通航方式

(d)(i)　船舶は，沿岸通航帯に隣接した分離通航帯の通航路を安全に使用することができるときは，当該沿岸通航帯を使用してはならない。ただし，長さ20メートル未満の船舶，帆船および漁ろうに従事している船舶は，当該沿岸通航帯を使用することができる。

(ii)　(i)の規定にかかわらず，船舶は，沿岸通航帯内にある港，沖合の設備若しくは構造物，パイロット・ステーションその他の場所に出入りし又は切迫した危険を避ける場合には，当該沿岸通航帯を使用することができる。

この改正により，従前から通過通航船に当たらないと解釈されてきた漁ろうに従事している船舶が新たに沿岸通航帯を使用することができる船舶の一種として72年規則第10条(d)(i)ただし書に明文化された。また，本法第10条第4項の沿岸通航帯を航行できる「やむを得ない場合」に当たると従前から解釈されてきた沿岸通航帯の内側に位置する港に出入りする場合等が沿岸通航帯を使用することができる場合として72年規則第10条(d)(ii)に明文化された。

5．分離線の横切り等の禁止（第5項）

分離線又は分離帯は，緩衝地帯，緊急避難場所としての性格を有するため，海難を避ける場合等真にやむを得ないとき以外は，分離線を横切ったり，分離帯に入ることは禁止される（通航帯の横断を認められる船舶及び通航路の途中から出入する船舶は，もちろんその前提としてこれらの行為も許容される。）。ただし，漁ろう活動は例外で，分離帯内で漁ろう活動を行うことは認められている。

6．漁ろう船と一般船との間の航法関係等

第 6 項では通航路における帆船と動力船との間の航法，第 7 項では漁ろう船と一般船との間の航法，第 8 項では長さ 20 メートル未満の動力船の通航妨害行為禁止，第 9 項では第 6 項から第 8 項までの規定の適用関係についてそれぞれ規定しているが，これらは，第 9 条第 2 項，第 3 項，第 6 項及び第 7 項について解説したのと同様である（「狭い水道等」を「通航路」に置きかえて理解すればよい。）ので，それを参照されたい。

第 7 項の規定があることからもわかるように，分離通航帯内において漁ろう活動は禁止されていない。しかし，漁ろう活動を行う場合でも本条に定めている航法原則に従わなければならないことはいうまでもない。

7．出入口付近の注意航行（第 10 項）

分離通航帯の出入口付近では，分離通航帯を航行しおわった船舶が各方面に向けて拡散していくとともに，分離通航帯を航行しようとする船舶がこれに向けて集中してくるため，船舶交通が非常に複雑に錯綜する水域であるので，これらの水域では船舶は十分に注意して航行する必要がある。

8．びょう泊の禁止（第 11 項）

分離通航帯は，交通流の整流を図っている水域であるので，このような整流の障害となり，通航できる水域を狭めるびょう泊は，やむを得ない場合を除き禁止される。また，同様に，船舶交通が非常に複雑に錯綜する分離通航帯の出入口付近においても，びょう泊はやむを得ない場合を除き禁止される。

9．分離通航帯航行船の隔離（第 12 項）

分離通航帯は，交通流を整流する目的を有するものであるが，分離通航帯を航行しない船舶が分離通航帯に不必要に接近し，分離通航帯内航行船との間に見合い関係を発生させたのでは，何のために整流を行ったかわからなくなる（場合によっては，分離通航帯を航行している船舶が，避航のために分離通航帯の外に出なければならなくなることも考えられる。）。このため，分離通航帯を航行しない船舶は，できる限り分離通航帯から離れることを要求される。

10.　航法規定の適用免除（第13項）

分離通航帯において，船舶の航行の安全を確保するための作業又は海底電線の敷設，保守若しくは引揚げのための作業に従事している操縦性能制限船は，当該作業を安全かつ円滑に行うためには，分離通航方式に係る航法に従うことが物理的・経済的に不可能な場合があるため，その作業を行うために必要な限度において，分離通航方式に係る航法規定（第2項，第3項，第5項及び第11項）の適用が免除される。

船舶の航行の安全を確保するための作業とは，航路標識の敷設，保守又は引揚げ，航路の水深を確保するためのしゅんせつ，船舶の航行の障害となるおそれのある沈船の引揚げ，海図作成のための水路測量等の作業をいう。

11.　海上保安庁長官の告示（第14項）

分離通航帯を航行しようとする船舶は，本条に規定する特別の航法に従わなければならなくなるので，どの水域にどのような形で分離通航帯が設定されているかを予め知っておくことは，特に外航船にとっては重要なことである。海上保安庁としては，このような船舶に対する便宜を図るため，どの水域にどのような形で分離通航帯，通航路，分離線，分離帯及び沿岸通航帯が設けられているかを官報で告示することとしている。

現在までにIMOによって採択され，施行されている162ヶ所の分離通航方式については，前述の海上保安庁告示で既に告示している。今後新たに採択されるものについては，その都度告示を行う予定である。また，これらの関係事項を示す図面を海上保安庁交通部航行安全課，第一，第二，第三，第四，第五，第六，第七，第八，第九及び第十管区海上保安本部交通部航行安全課，第十一管区海上保安本部交通航行安全課，各海上保安（監）部，海上保安航空基地並びに各海上保安署に備え置いて縦覧に供することとしている。

第２節　互いに他の船舶の視野の内にある船舶の航法

■（適用船舶）

第11条　この節の規定は，互いに他の船舶の視野の内にある船舶について適用する。

〔**概要**〕「進路を避ける」等の自船以外の船舶の動きを前提とした行為は，2 隻の船舶が互いに相手を視認できる状態においてのみ要求することを明らかにしたものである。

■（帆　船）

第12条　2 隻の帆船が互いに接近し，衝突するおそれがある場合における帆船の航法は，次の各号に定めるところによる。ただし，第 9 条第 3 項，第 10 条第 7 項又は第 18 条第 2 項若しくは第 3 項の規定の適用がある場合は，この限りでない。

一　2 隻の帆船の風を受けるげんが異なる場合は，左げんに風を受ける帆船は，右げんに風を受ける帆船の進路を避けなければならない。

二　2 隻の帆船の風を受けるげんが同じである場合は，風上の帆船は，風下の帆船の進路を避けなければならない。

三　左げんに風を受ける帆船は，風上に他の帆船を見る場合において，当該他の帆船の風を受けるげんが左げんであるか右げんであるかを確かめることができないときは，当該他の帆船の進路を避けなければならない。

2　前項第二号及び第三号の規定の適用については，風上は，メインスル（横帆船にあつては，最大の縦帆）の張つている側の反対側とする。

〔**概要**〕　本条は，2 隻の帆船が互いに接近し，衝突するおそれがある場合における帆船のとるべき航法を定めたものである。

解説　1．第 1 項においては，帆船間の航法を，帆船の風を受けるげんの違いごとに定めている。

帆船の航法において基本的に考慮されなければならない事項としては，第1に船舶交通においては右側通航の原則があること，第 2 に帆船は，風の力を利用して推進するのでその進行方向と風向により運動が制限されること，の2点がある。

第 1 の右側通航の原則は，帆船のみに適用されるものではなく，帆船を含めたすべての船舶に適用される原則である。

第 2 の帆船の進行方向と風向との関係というのは，帆船は風の吹いてくる方向には帆走できないこと，帆船の進行方向が風の吹いてくる方向に非常に近い場合には，帆船の進路変更は非常に制限され，風の吹いてくる方向へ更に進路を変更することは不可能な場合があることである。

第 1 項においては，上記の 2 点の基本的に考慮しなければならない事項を可能な限り満足するよう規定されている。

⑴　第一号は，2 隻の帆船の風を受けるげんが異なる場合には，左げんに風を受ける帆船は，右げんに風を受ける帆船の進路を避けることを義務づけている。これは，帆船は進路を変更する場合には，風下に進路を変更する方が容易であることを考慮し，右側通航の原則を満足するため左げんに風を受ける帆船に避航の義務を課したものである。

⑵　第二号は，2 隻の帆船の風を受けるげんが同じである場合には，風上の帆船は，風下の帆船の進路を避けることを義務づけている。これは，風を受けるげんが同じである場合であって衝突するおそれのある場合，即ち 2 隻の帆船の進路が交差している場合には，風下の帆船は風上の帆船に比し，避航できる範囲が制限されるため，風上の帆船に対し風下の帆船の進路を避けることを義務づけたものである。

⑶　第三号は，左げんに風を受ける帆船は，風上に他の帆船を見る場合においてその帆船の風を受けるげんを確かめることができない場合には，その帆船の進路を避けることを義務づけている。

左げんに風を受ける帆船は，風上にある帆船に対し，相手船が右げんに風を受けていれば第 1 項第一号の規定により避航の義務が課され，相手船が左げんに風を受けていれば第 1 項第二号の規定により相手船に避航の義務が課されるため，風上の帆船の風を受けるげんの違いによって自船の避航義務関係が逆転することとなる。そのため，左げんに風を受ける帆船が風上の帆船の風を受けるげんを確かめられないまま漫然と航行することは危険であるので，避航の義務を課したものである。この場合に，風上の帆船の風を受けるげんが右げんであれば，第 1 項第一号の航法と同じであり，風上の帆船の風を受けるげんが左げんであれば，第 1 項第二号の規定により風上の帆船も避航することとなり両船が避航することとなるが，通常帆船は，他船の進路を避ける場合には風下に進路を変更するので，両船が同じ方向（風下）に進路を変更するため衝突の危険は生じない。

なお，右げんに風を受ける帆船が風下に他の帆船を見る場合においては，その帆船の風を受けるげん如何によって避航関係が変ってくるが，この場合には風を受けるげんが確かめられないというケースは考えられないので，特に規定は置かれていない。

第 1 項の規定は，作業等によって操縦性能が制約を受けていない一般の帆船どうしについて適用されるものである。一方の帆船が漁ろうに従事している場合等何らかの操縦性能の制約を受けている場合には，第 18 条等の規定が働き，本条は適用されない（第 1 項ただし書）。

2． 第 2 項は，第 1 項第二号及び第三号における「風上」について定義づけている。

帆船が風を受けて航走しているときには，その帆船に展張された帆は風をはらみ，風の吹いてくる方向の反対側に張り出されることとなり識別が容易であるので，風上の定義を「メインスル（横帆船にあっては，最大の縦帆）の張っている側の反対側」と規定したものである。

■（追越し船）

第13条　追越し船は，この法律の他の規定にかかわらず，追い越される船舶を確実に追い越し，かつ，その船舶から十分に遠ざかるまでその船舶の進路を避けなければならない。

2　船舶の正横後 22 度 30 分を超える後方の位置（夜間にあつては，その船舶の第21条第2項に規定するげん灯のいずれをも見ることができない位置）からその船舶を追い越す船舶は，追越し船とする。

3　船舶は，自船が追越し船であるかどうかを確かめることができない場合は，追越し船であると判断しなければならない。

〔概要〕　本条は，追越し船のとるべき航法を定めたもので，本法の他の規定にかかわらず本条が最優先で適用されるものである。なお，72年規則との対比では，同規則第13条(d)前段を削除し，後段は(a)と合体し本条第1項とした。

解説　**1．追越し船の義務**（第1項）

(1)　本条は，第12条が帆船どうし，第14条，第15条が動力船どうしに適用されるのと異なり，船舶の種類に関係なく適用される規定である。一般の場合ならば第9条第2項若しくは第3項，第10条第6項若しくは第7項又は第18条第1項から第3項までの規定の適用を受けて進路を避けてもらえる船舶であっても，追越し船になる場合には「この法律の他の規定にかかわらず」追い越される船舶の進路を避けなければならない。

これは，追越し船の方がより速い速力で航行していること，追い越される船舶を早期の段階で視認することが多いことによるものであり，追い越される船舶は原則として，追い越す船舶の動作に協力する義務はない。しかし，第9条第4項により，狭い水道等において追越し船から追い越すために必要な協力動作を求められ，自船がそれに同意した場合は，必要な協力動作をとらなければならない。

(2)　「確実に追い越し，かつ，その船舶から十分に遠ざかるまで」とは，追い越される船舶が何らかの事情により進路を変更した場合においても，新たに危険な見合い関係を生じない程度に十分離れるまでという意味である。

2．追越し船とは（第2項）

追越し船とは，船舶の正横後22度30分を超える後方の位置からその船舶を追い越す（より速い速度でその船舶に追いつき，その前方に出ることを意味し，道路交通法の「追越し」，「追抜き」両方を含む概念である。）船舶をいい，船舶の正横後22度30分より手前の位置から接近する船舶（横切り船）との区分を行っている。

なお，船舶の正横後 22 度 30 分の位置は，げん灯，マスト灯の見えなくなる位置であるので，夜間において船舶の正横後 22 度 30 分を超える後方の位置は，げん灯又はマスト灯のいずれをも見ることのできない位置となる（ただし，げん灯及びマスト灯は，その構造上，正横後 22 度 30 分を超えてさらに 5 度射光することが許されるので（施行規則第 5 条第 3 項参照），正横後 22 度 30 分を超える後方の位置にあってもげん灯又はマスト灯を見ることができる場合があることに注意が必要である。）。

3．確かめることができない場合（第 3 項）

船舶が前方の他船に接近する場合において，その船舶の正横後 22 度 30 分を超える位置にいるかどうか，又は，その船舶のいずれのげん灯をも見ることができない位置にいるかどうかが，自船の船首の横揺れ，相手船の針路のふれ，相手船のげん灯の見えかくれ等により明確に判断できない場合がある。このような場合に，自船を横切り関係における保持船とみて針路・速力をそのまま保持することは，衝突の防止の観点から危険であるので，追越し船であると判断させることにより必要な避航動作をとらせることとした。

■（行会い船）

第14条　2 隻の動力船が真向かい又はほとんど真向かいに行き会う場合において衝突するおそれがあるときは，各動力船は，互いに他の動力船の左げん側を通過することができるようにそれぞれ針路を右に転じなければならない。ただし，第 9 条第 3 項，第 10 条第 7 項又は第 18 条第 1 項若しくは第 3 項の規定の適用がある場合は，この限りでない。

2　動力船は，他の動力船を船首方向又はほとんど船首方向に見る場合において，夜間にあつては当該他の動力船の第 23 条第 1 項第一号の規定によるマスト灯 2 個を垂直線上若しくはほとんど垂直線上に見るとき，又は両側の同項第二号の規定によるげん灯を見るとき，昼間にあつては当該他の動力船をこれに相当する状態に見るときは，自船が前項に規定する状況にあると判断しなければならない。

3　動力船は，自船が第 1 項に規定する状況にあるかどうかを確かめることができない場合は，その状況にあると判断しなければならない。

〔概要〕 本条は，2 隻の動力船が真向かい又はほとんど真向かいに行き会う場合であって衝突するおそれのあるときに，その動力船がとるべき航法を定めたものである。

解説　1．行会い状態にある各動力船は，互いに他の動力船の左げん側を通過するようそれぞれ右に針路を転じなければならない（第1項）。

船舶が真向かい又はほとんど真向かいに行き会い，衝突するおそれがあるということは，簡単に言えば正面衝突する可能性があるということである。そのためには，どちらかへ針路を変更する必要があるが，船舶交通においては，右側通航が原則であるので，互いに他の船舶の左げん側を通過することができるように，それぞれ針路を右に転ずることを義務づけたものである。

2 隻の動力船の操縦性能に優劣がある場合には，第 9 条第 3 項（狭い水道等における漁ろうに従事している動力船と一般の動力船との関係），第 10 条第 7 項（分離通航方式の通航路における漁ろうに従事している動力船と一般の動力船との関係）又は第 18 条第 1 項若しくは第 3 項（動力船と運転不自由船，操縦性能制限船若しくは漁ろうに従事している船舶である動力船との関係又は漁ろうに従事している動力船と運転不自由船若しくは操縦性能制限船である動力船との関係）が本条に優先して適用される（第1項ただし書）。

2．行会い状態（第2項）

2 隻の船舶が真向かい又はほとんど真向かいに行き会う状態とは，2 隻の船舶の進路が同一線上でその針路が反方位である場合又はこの状態に非常に近い状態をさすものであり，それぞれの船舶が互いに自船の正船首方向に相手船の正面又はほとんど正面を視認している状態である。

夜間，船舶の動静は，表示されている灯火の見え方によって判断することができる。灯火のうちマスト灯は，船舶の中心線上に装置されることとなっているため（第 21 条第 1 項），第 23 条第 1 項第一号の規定により表示された 2 個のマスト灯を垂直線上又はほとんど垂直線上に見るときは，相手船の正面又はほぼ正面を視認していることとなる。また，げん灯は，正船首方向から左げん又は右げん正横後 22 度 30 分まで射光することとなっているため（第 21 条第 2 項），両側のげん灯を同時に見るときは，相手船の正面を視認していることとなる。ただし，げん灯の射光は，正船首方向を超えて反対げん側へ3度まで射光することが許されているので（施行規則第5条第4項），両側のげん灯を同時に見る場合でも，実際には相手船の正面を視認しているとは限らず，正面から若干ずれている場合（ほぼ正面）がある。

昼間においては，船影を確認することにより，相手船の正面又はほぼ正面を視認しているかどうかは容易に判断することができる。

3．確かめることができない場合（第3項）

自船が他の動力船を船首方向又はほとんど船首方向に見る場合に，相手船のマスト灯又はげん灯を第 2 項の状態に見る状況にあるかどうかが，灯火の見えぐあい，あるいは自船又は相手船の船首のふれ等により確認できない場合には，行会い船の状況にあると判断し行会い船の航法をとり，針路を右に転じなければならない。

第 3 項の趣旨は，第 13 条第 3 項の場合と同様で，明確な状況判断ができないときは，まず危険が存在すると考え，適切な危険防止のための行動をとることを求めているものである。

■（横切り船）

第15条　2 隻の動力船が互いに進路を横切る場合において衝突するおそれがあるときは，他の動力船を右げん側に見る動力船は，当該他の動力船の進路を避けなければならない。この場合において，他の動力船の進路を避けなければならない動力船は，やむを得ない場合を除き，当該他の動力船の船首方向を横切つてはならない。

2　前条第1項ただし書の規定は，前項に規定する2隻の動力船が互いに進路を横切る場合について準用する。

〔概要〕　本条は，2 隻の動力船が互いに進路を横切る場合であって，衝突するおそれのある場合に2隻の動力船がとるべき航法を規定したものである。

解説　**1．**⑴　2 隻の動力船が横切り関係にある場合，他の動力船を右げん側に見る動力船は，他の動力船の進路を避けなければならない（第 1 項前段）。

船舶通航の原則は右側通航であり，左げん対左げんで航過するのが原則である。この原則を，船舶のどのような見合い関係においても適用させることは，操船者に航法上の錯誤を生じさせるおそれが少なくなる。また，横切り関係において，他の船舶の進路を避ける方法としては，相手船の船尾方向を横切ることにより相手船の進路を避けることが，通常の場合一番容易である。そのため，他の動力船を右げん側に見る動力船に対し，他の動力船の進路を避けることを義務づけたものである。

⑵　他の動力船の進路を避けなければならない動力船は，やむを得ない場合を除き他の動力船の船首方向を横切ってはならない（第1項後段）。

横切り関係において衝突を避けるためには，相手船の船首方向を横切る方法と相手船の船尾方向を横切る方法があるが，船首方向を横切るためには速力を相当増大させなければならないが，船尾方向を横切るためには進路を右に転じること又は速力を減少させることにより容易に衝突のおそれを解消することができる。通常，航行中の船舶は速力を短時間に相当に増大させることは能力的に困難であり，また速力を増大させることは，万一衝突した場合に被害を増大させることとなるため好ましくない。従って船首方向の横切りは，やむを得ない場合を除いて禁止しているのである。

なお，船首方向の横切りが許されるやむを得ない場合とは，自船の速力に相当の余裕があり，かつ，相手船の後方に多数の船舶がある等船尾方向を横切ることが他の第三船と新たな衝突のおそれを生じるおそれがある場合に限定されると考えられる。

⑶　動力船どうしが横切りの状況にある場合においてのみ船首方向の横切りを禁止している。これは，操縦性能の異なる船舶間の避航関係，例えば，動力船と運転不自由船あるいは操縦性能制限船等との避航関係においてもすべて船首方向の横切りを禁止することが，船舶の操縦性能の差を考慮した場合，実態に合わないためである。

2．第14条と同様，2隻の動力船の操縦性能に優劣がある場合には，第9条第3項，第10条第7項又は第18条第1項若しくは第3項の規定が適用される（第2項）。

3．二船間の見合い関係における追越し船の航法及び行会い船の航法においては，追越し船であるかどうか確かめられない場合及び行会い船であるかどうか確かめられない場合には，それぞれ追越し船の航法及び行会い船の航法をとるべきことが義務づけられている。しかしながら，本条においてはこれに類する規定はもうけられていない。

自船が横切り船であるかどうかを確かめられない状況とは，横切り船か追越し船かが不明の場合，又は横切り船か行会い船かが不明の場合のどちらかである。この場合，前者の場合は第 13 条第 3 項の規定，後者の場合は第 14 条第 3 項の規定により，自船はそれぞれ追越し船又は行会い船の航法をとることが義務づけられているため，本条において，特段の手当をする必要はない。

■（避航船）

第16条 この法律の規定により他の船舶の進路を避けなければならない船舶（次条において「避航船」という。）は，当該他の船舶から十分に遠ざかるため，できる限り早期に，かつ，大幅に動作をとらなければならない。

〔概要〕 本条は，本法の規定により他の船舶の進路を避けなければならない船舶がとるべき動作の基本を規定している。

解説 本法において他の船舶の進路を避けなければならない船舶，即ち避航船は，具体的には次の船舶である。

㋑ 第 9 条第 2 項の規定により，狭い水道等において帆船の進路を避けなければならない航行中の動力船

㋺ 第 9 条第 3 項の規定により，狭い水道等において漁ろう船の進路を避けなければならない航行中の船舶

㋩ 第 10 条第 6 項の規定により，通航路において帆船の進路を避けなければならない航行中の動力船

㋥ 第 10 条第 7 項の規定により，通航路において漁ろう船の進路を避けなければならない航行中の船舶

㋭　第 12 条第 1 項第一号の規定により，右げんに風を受ける帆船の進路を避けなければならない左げんに風を受ける帆船

㋬　第 12 条第 1 項第二号の規定により，風下の帆船の進路を避けなければならない風上の帆船

㋣　第 12 条第 1 項第三号の規定により，風上の帆船の進路を避けなければならない左げんに風を受ける帆船

㋠　第 13 条の規定により，追い越される船舶の進路を避けなければならない追越し船

㋷　第 15 条第 1 項の規定により，右げん側に見る動力船の進路を避けなければならない航行中の動力船

㋦　第 18 条第 1 項の規定により，運転不自由船，操縦性能制限船，漁ろう船又は帆船の進路を避けなければならない航行中の動力船

㋸　第 18 条第 2 項の規定により，運転不自由船，操縦性能制限船又は漁ろう船の進路を避けなければならない航行中の帆船

㋾　第 18 条第 3 項の規定により，運転不自由船又は操縦性能制限船の進路をできる限り避けなければならない漁ろう船

避航船のとるべき動作の原則を，「十分に遠ざかるため，できる限り早期に，かつ，大幅に動作をとらなければならない」と規定しているが，これは，早期に大幅に動作をとることは，自船が避航動作をとっていることを他の船舶に確実に知らしめ，他の船舶に不必要な疑問を生じさせないためにも非常に有効であるからである。

■（保持船）

第17条　この法律の規定により 2 隻の船舶のうち 1 隻の船舶が他の船舶の進路を避けなければならない場合は，当該他の船舶は，その針路及び速力を保たなければならない。

2　前項の規定により針路及び速力を保たなければならない船舶（以下この条において「保持船」という。）は，避航船がこの法律の規定に基づく適切な動作をとつていないことが明らかになつた場合は，同項の規定にかかわらず，直ちに避航船との衝突を避けるための動作をとることが

できる。この場合において，これらの船舶について第 15 条第 1 項の規定の適用があるときは，保持船は，やむを得ない場合を除き，針路を左に転じてはならない。

3　保持船は，避航船と間近に接近したため，当該避航船の動作のみでは避航船との衝突を避けることができないと認める場合は，第 1 項の規定にかかわらず，衝突を避けるための最善の協力動作をとらなければならない。

〔**概要**〕 本条は，保持船がとるべき動作について規定したものである。

解説　**1．保持船の針路及び速力の保持義務**（第 1 項）

第 16 条の **解説** ㋑〜㋸までの船舶（避航船）に進路を避けてもらえる相手方の船舶（保持船）は，その針路及び速力を保たなければならない。本法は，2 隻の船舶が見合い関係になったとき，一方の船舶に避航義務を，もう一方の船舶に針路・速力の保持義務を課すことにより，衝突の予防を図っている（第 14 条は例外）。保持船に保持義務を課すのは，避航船が保持船の将来の動作を確実性をもって予測することを可能ならしめることにより，避航動作を決定しやすいようにするためである。保持船は，第 2 項又は第 3 項の規定による動作をとる場合以外は，針路・速力の変更を行ってはならない。

2．保持船のみによる衝突回避動作（第 2 項）

最近大型タンカーのようにその旋回径が大きく，かつ，停止距離の長い船舶が増加してきたが，このような船舶が保持船となった場合に，避航船が適切な避航動作をとっていなくても，厳格に保持義務を課し，避航船と間近に接近して初めて保持義務を解除しても，衝突を回避するための十分な動作をとる余裕がなく，かえって危険であるということが認識されてきた。

第 2 項は，このような事実を前提として，避航船が適切な避航動作をとっていないことが明らかになった時点で，直ちに保持船が自船だけで衝突回避動作をとることを認めたものである。これは，あくまでも任意規定（…できる。）であるが，避航船が避航動作をとっていないことを明らかに認識していたにもかかわらず，漫然と航行し，そのため衝突が発生した場合には，保持船側にも何らかの過失認定がなされる余地がある。

保持船の衝突回避動作にももちろん第8条の規定の適用があり，保持船は，避航船が容易に認めることができるように針路又は速力の変更を大幅に行う必要がある。避航船が適切な動作をとっていないときとは，保持船と衝突するおそれがあるにもかかわらず，第8条及び第16条の規定に従った動作をとっていない場合である。

なお，横切りの状況にある場合において，保持船が自船のみにより衝突回避動作をとる場合は，やむを得ない場合を除き，針路を左に転じてはならない（第2項後段）。これは，避航船が，現在避航動作をとっていなくても，将来避航動作をとるときは，針路を右転することが普通であるため，針路の左転は避航船との衝突の危険を増大させるからである。

第2項は，72年規則第17条(a)(ii)及び(c)を合体して1項としたものである。

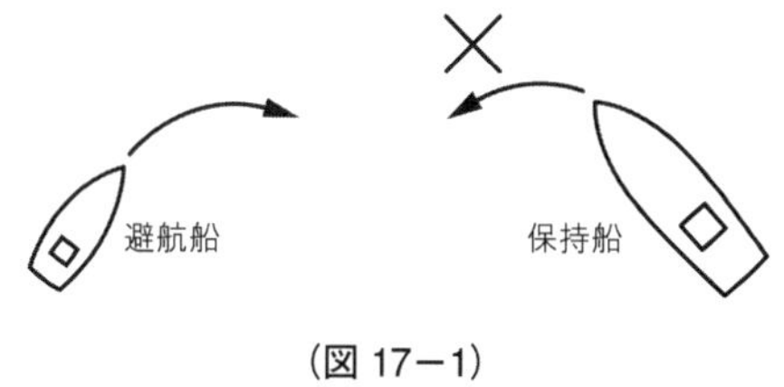

(図17−1)

3．最善の協力動作（第3項）

保持船は，避航船が適切な避航動作をとっていないことが明らかになった時点で，第2項の規定により針路及び速力の保持義務が解除されるとともに，従来どおり，第3項の規定により，避航船と間近に接近したときは，保持義務は解除され，保持船は，衝突を避けるために避航船に協力して，可能なあらゆる措置をとらなければならない。その協力動作は，その時の状況に応じて乗組員の合理的な判断によって臨機応変に決定されるべきものであるが，機関の停止，機関を後進にかけること，投びょう等の動作がある。

なお，第2項又は第3項の規定により，保持船が何らかの動作をとったとしても，避航船の避航義務が免除されるものでないことは当然である（72年規則第17条(d)参照）。

■（各種船舶間の航法）

第18条　第9条第2項及び第3項並びに第10条第6項及び第7項に定めるもののほか，航行中の動力船は，次に掲げる船舶の進路を避けなければならない。

一　運転不自由船

二　操縦性能制限船

三　漁ろうに従事している船舶

四　帆船

2　第9条第3項及び第10条第7項に定めるもののほか，航行中の帆船（漁ろうに従事している船舶を除く。）は，次に掲げる船舶の進路を避けなければならない。

一　運転不自由船

二　操縦性能制限船

三　漁ろうに従事している船舶

3　航行中の漁ろうに従事している船舶は，できる限り，次に掲げる船舶の進路を避けなければならない。

一　運転不自由船

二　操縦性能制限船

4　船舶（運転不自由船及び操縦性能制限船を除く。）は，やむを得ない場合を除き，第28条の規定による灯火又は形象物を表示している喫水制限船の安全な通航を妨げてはならない。

5　喫水制限船は，十分にその特殊な状態を考慮し，かつ，十分に注意して航行しなければならない。

6　水上航空機等は，できる限り，すべての船舶から十分に遠ざかり，かつ，これらの船舶の通航を妨げないようにしなければならない。

〔概要〕　種類の異なる船舶間の航法について規定したものである。

解説　**1．種類の異なる船舶間の航法の基本原則**（第1項，第2項及び第3項）

本法では，種類の異なる船舶の間では，操縦性能の優れている方の船舶が，操縦性能の劣っている方の船舶の進路を避けるという原則をとっている。本法では，その操縦性能の優劣度合について次のような序列をつけている。

①　一般動力船
②　帆船
③　漁ろう船
④　運転不自由船・操縦性能制限船

この序列において，上位の船舶は，自分より下位の序列の船舶の進路を避けなければならない。

2．本条と第9条，第10条，第13条の関係

72年規則第18条には，「第9条，第10条及び第13条に別段の定めがある場合を除くほか,」とあるので，狭い水道等及び分離通航帯という特定の水域では，第18条は働かないのではないかという考え方があるが，既に第9条の **解説** で説明したとおり，この考え方は採用できない。本法では，狭い水道等及び分離通航帯においても漁ろう船，帆船に対する避航義務は働くという前提のもとに，第9条（第2項，第3項）及び第10条（第6項，第7項）自体に漁ろう船，帆船に対する避航義務を書き込むという手当を行っている。従って，本法においては，72年規則と異なり，第18条と第9条，第10条とでは，直接の関係はなくなっている。第18条は，第9条及び第10条の避航義務以外の各種船舶間の避航義務を定めた規定として位置づけられる。「第9条第2項及び第3項並びに第10条第6項及び第7項に定めるもののほか,」という表現は，第9条，第10条で規定してあるように，狭い水道等及び分離通航帯において，動力船，帆船は，漁ろう船等の進路を避けなければならないが，それ以外の水域であっても，あるいは，漁ろう船以外の船舶に対しても，さらに本条にいうような避航義務がかかるということを明らかにしたものである。

第18条の規定に対しては，第13条の規定が優先して適用される。例えば，帆船が，一般動力船を追い越そうとする場合には，一般動力船は，帆船を避けてやる必要はない。帆船が，第13条の規定により一般動力船の進路を避けなければならない。

3．漁ろう船と運転不自由船等との関係（第3項）

漁ろう船と運転不自由船・操縦性能制限船の避航関係を正面から規定したものである。

「できる限り……」とあるのは，漁ろう船も漁具により操縦性能が制限されている船舶であり，その制限度合が著しい場合には，他船の進路を避けることが困難な場合があることを考慮したものである。

4．喫水制限船に関する航法（第4項及び第5項）

喫水制限船は，「船舶の喫水と水深との関係によりその進路から離れることが著しく制限されている」ので，他の船舶（運転不自由船及び操縦性能制限船は除かれる。）は，喫水制限船がこれから航行しようとする水域を閉塞する等その安全な通航を妨げるような行為を行ってはならない。その水域は，狭い水道等に限らない。相当広範囲に水深の浅い部分が広がっている水域では，この規定の働く可能性がある。

喫水制限船は，第28条の灯火又は形象物を掲げるか否かは自由であるが，その灯火又は形象物を掲げていない場合には本条の保護は受けられない。

第4項は，避航に関する規定ではないので，通航可能な余地があるかぎりは，喫水制限船（動力船）は，第1項の規定により漁ろう船等の進路を避けなければならない。「やむを得ない場合」としては，海難を避ける場合，海難に遭遇している船舶又は人命を救助する場合，漁ろう船が喫水制限船に突然遭遇した場合等が考えられる。

喫水制限船には，前述のような保護が与えられる一方，それに応じた注意義務が課せられる。見張りの実施，速力の決定等その運航に当たっては，自船の制約を受けている状態を十分考慮して必要な措置を講じなければならない。なお，喫水制限船でもないのに，第28条の灯火又は形象物を掲げるのは権利の濫用として許されないことはいうまでもない。最終的に，船長の判断に委ねられたのは，船長に対する国際的な信頼が背景になっていることを再度付言しておく。

5．水上航空機等に関する航法（第6項）

水上航空機は，水上にある場合は船舶として扱われるが，その構造，操縦性能は一般の船舶と相当異なっており，特に，離水又は着水のための滑走中自由にその針路を変更できないという特殊性がある。また，特殊高速船（離水若しくは着水に係る滑走又は水面に接近して飛行している状態の表面効果翼船）についても水上航空機と同様の特殊性がある。従って，一般の船舶とできる限り見合い関係を生じさせないよう，予め，一般の船舶から十分遠ざかり，かつ，一般の船舶の通航を妨げないようにしなければならない。もちろん，何らかの理由で，他の船舶と見合い関係になったときは，動力船として必要な航法規定に従う義務がある（72年規則第18条(e)(f)参照）。

第３節　視界制限状態における船舶の航法

第19条　この条の規定は，視界制限状態にある水域又はその付近を航行している船舶（互いに他の船舶の視野の内にあるものを除く。）について適用する。

2　動力船は，視界制限状態においては，機関を直ちに操作することができるようにしておかなければならない。

3　船舶は，第１節の規定による措置を講ずる場合は，その時の状況及び視界制限状態を十分に考慮しなければならない。

4　他の船舶の存在をレーダーのみにより探知した船舶は，当該他の船舶に著しく接近することとなるかどうか又は当該他の船舶と衝突するおそれがあるかどうかを判断しなければならず，また，他の船舶に著しく接近することとなり，又は他の船舶と衝突するおそれがあると判断した場合は，十分に余裕のある時期にこれらの事態を避けるための動作をとらなければならない。

5　前項の規定による動作をとる船舶は，やむを得ない場合を除き，次に掲げる針路の変更を行つてはならない。

一　他の船舶が自船の正横より前方にある場合（当該他の船舶が自船に追い越される船舶である場合を除く。）において，針路を左に転じること。

二　自船の正横又は正横より後方にある他の船舶の方向に針路を転じること。

6　船舶は，他の船舶と衝突するおそれがないと判断した場合を除き，他の船舶が行う第 35 条の規定による音響による信号を自船の正横より前方に聞いた場合又は自船の正横より前方にある他の船舶と著しく接近することを避けることができない場合は，その速力を針路を保つことができる最小限度の速力に減じなければならず，また，必要に応じて停止しなければならない。この場合において，船舶は，衝突の危険がなくなるまでは，十分に注意して航行しなければならない。

〔概要〕 本条は，視界制限状態において遵守しなければならない航法について規定したものである。

解説 **1．適用船舶**（第1項）

第19条の規定は，視界制限状態にある水域又はその付近を航行している船舶であって互いに他の船舶の視野の内にないものについて適用される。

従って，視界制限状態であっても相手船を視認している場合には，本条ではなく第2節（互いに他の船舶の視野の内にある船舶の航法）の規定が適用される。

2．機関の用意（第2項）

視界制限状態においては，他の船舶との衝突を避けるため，機関を直ちに停止させ，さらには後進にかける等迅速な機関の操作を必要とする場合が多い。このため，動力船は，視界制限状態においては，「機関を直ちに操作することができるようにしておかなければならない。」と新たに規定した。

具体的には，船橋において航海当直に従事している者が，視界制限状態になったことを機関室に連絡するとともに，機関室において当直中の者に対して，直ちに機関を操作することができるよう「機関用意」を指示し，即応体制を確立しなければならない。なお，72年規則第19条(b)前段の規定は，第6条（安全な速力）と同一の内容であるので本条では削除した。

3．第1節（あらゆる視界の状態における船舶の航法）の規定による措置（第3項）

第1節の規定は，視界制限状態においても適用される。しかしながら，視界制限状態においては，相手船が視認できないという特殊な状態におかれるため，視界の状態を含むその時の状況を十分考慮して第1節の規定による措置を講じなければならない。視界制限状態における見張り員の増員，低速で航行すること，レーダー専従員の配置等がこれに当たる。

4．レーダーのみにより他船の存在を探知した船舶の航法（第4項）

レーダーのみにより他の船舶の存在を探知した船舶は，第7条（衝突のおそれ）の規定に従いレーダープロッティング等の手段により衝突のおそれがあるかどうか判断しなければならない。また，同様の手段により著しく接近することとなるかどうかを判断しなければならない。

「衝突するおそれ」とは，2 隻の船舶がそのままの状態で航行すれば衝突するという蓋然性を意味するのに対し，「著しく接近する」とは，船舶間の距離が非常に接近することを意味し，必ずしも衝突するかどうかは問題にしていない。視界制限状態においては衝突するおそれはもちろん，著しく接近する状態をも早期に避けるように求めている。

「これらの事態を避けるための動作」とは，具体的には，自船の速力を減じ，また必要に応じ停止すること，第 5 項の規定によって禁止されている針路の変更以外の針路の変更を行うこと，自船の存在を相手船に知らせるために汽笛を鳴らすこと等を指すが，これらの動作はその船舶が置かれている状況に応じて臨機応変に行う必要がある。

5．一定の針路の変更の禁止（第 5 項）

⑴ 他の船舶が自船の正横より前方にある場合においては，針路を左に転ずることを禁止している（第一号）。他の船舶が自船の正横より前方にあるということは行会い又は横切りの関係になる可能性が強い。この場合，視界制限状態においても右側通航を原則としようとするものである。

⑵ 自船の正横又は正横より後方にある他の船舶の方向に針路を転ずることを禁止している（第二号）。これは，他の船舶の方向に針路を転ずることは，当該他の船舶により接近することとなり，衝突防止又は著しく接近することの防止の観点から不都合である。

6．視界制限状態における音響信号を聞いた場合の措置（第 6 項）

他の船舶が行っている音響信号を自船の正横より前方に聞いた場合又は他の船舶と著しく接近することを避けることができないと判断された場合においてとるべき措置について規定したものである。

「針路を保つことができる最小限度の速力」とは，風及び海潮流の影響等を受けても，なお舵が有効に働き，操船者の思わくどおりに操船が可能となる最小の速力をいう。

「衝突するおそれ」とは，衝突の蓋然性がある状態をとらえた概念であり，「衝突の危険」とは，衝突の蓋然性が非常に高い状態（まさに衝突の危険がある状態）をとらえた概念である。

第3章　灯火及び形象物

（通　則）

第20条　船舶（船舶に引かれている船舶以外の物件を含む。以下この条において同じ。）は，この法律に定める灯火（以下この項及び次項において「法定灯火」という。）を日没から日出までの間表示しなければならず，また，この間は，次の各号のいずれにも該当する灯火を除き，法定灯火以外の灯火を表示してはならない。

一　法定灯火と誤認されることのない灯火であること。

二　法定灯火の視認又はその特性の識別を妨げることとならない灯火であること。

三　見張りを妨げることとならない灯火であること。

2　法定灯火を備えている船舶は，視界制限状態においては，日出から日没までの間にあつてもこれを表示しなければならず，また，その他必要と認められる場合は，これを表示することができる。

3　船舶は，昼間においてこの法律に定める形象物を表示しなければならない。

4　この法律に定めるもののほか，灯火及び形象物の技術上の基準並びにこれらを表示すべき位置については，国土交通省令で定める。

〔概要〕　本条は，船舶に対して日没から日出までの間にあっては灯火を，昼間にあっては形象物を表示させること等，この法律に定める灯火及び形象物の表示について適用される一般原則を定めるとともに，それらの灯火及び形象物を表示するときには一定の基準（技術上の基準・位置）を満足するものでなければならないことを定めた規定である。

解説　**1．灯火及び形象物の表示の趣旨**

本法では，衝突を防止するため必要な航法を定めているが，これを遵守するためには，他の船舶の種類，状態，大きさ等に関する情報を得ることが不可欠である。そこでこれらの情報の伝達手段として，夜間にあっては灯火を，昼間にあっては形象物を船舶に表示させることとしている。

夜間，相手船の種類，船位を識別するに当たっては，灯火の組合せ，その見え具合が判断の基礎となる。本法では，船舶にその船舶の種類ごとに異なった組合せの灯火を表示させることとしている。

昼間は，視界が制限されていない限り，視覚によって他船の種類や船位に関する情報はかなり把握できるが，そのすべてがわかるわけではない。その視覚による情報を補い，船舶の状態についてより詳しい情報を得られるように，一定の船舶については，一定の形象物の表示を義務づけている。

本法で規定しているのは，あくまでも灯火及び形象物の表示義務であり，その設置については別に船舶安全法で規定していることに注意が必要である。

2．灯火の表示に関する原則（第1項，第2項）

⑴　表示の時期

船舶は，本法に定める灯火（以下「法定灯火」という。）を日没から日出までの間表示しなければならず，また，法定灯火を備えている場合* には視界制限状態にあれば，日出から日没までの間にあってもこれを表示しなければならない。これは，日出から日没までの間といえども視界制限状態にある限りは，灯火を表示させた方が相手船の存在をできる限り早期に知ることに役立つので，一律に表示を義務づけることとしたものである。

また，日出から日没までの間，視界そのものは制限されていないが，暗雲がたれこめて非常に周囲が見にくくなっている場合や，太陽は沈んではいないが周囲が薄暗くなっている場合など法定灯火を表示する必要があると認められる場合には，船舶は，法定灯火を表示することができる。

---

* 昼間しか運航しない船舶で，船舶安全法上法定灯火の設置義務がかからないものについては，視界制限状態における法定灯火の表示義務は，かからないことになる。

⑵　法定灯火以外の灯火の表示の禁止

法定灯火以外の灯火の表示は，原則として禁止される。何らかの必要によりどうしても灯火を表示する場合には，次の①～③のいずれの要件をも満たした灯火でなければならない。

① 法定灯火と誤認されることのない灯火であること。法定灯火と誤認される灯火の典型的なものとしては，法定灯火の付近に表示されそれと同様の色度を有する灯火が挙げられる。一般的にいえば，紅色，緑色，白色，黄色の灯火は，法定灯火と誤認されるおそれが強いであろう。

② 法定灯火の視認又はその特性の識別を妨げることとならない灯火であること。法定灯火の視認又はその特性の識別を妨げる灯火の典型的なものとしては，法定灯火の付近で，きわめて強力な光を出す灯火であって点灯することによってその法定灯火の色とは違った色に見せるようなものが挙げられる。

③ 見張りを妨げることとならない灯火であること。見張りを妨げる灯火の典型的なものとしては，船橋付近で強力な光を散乱させ，周囲を視認できなくする灯火が挙げられる。

(3) 船舶以外の物件の扱い

本法では，船舶のほか，船舶に引かれている船舶以外の物件も船舶と同様に法定灯火を表示しなければならないこととされている。これは，船舶以外の物件をえい航するケースが増加してきたことに対応して，船舶以外の引かれている物件についても夜間その存在を示すために灯火を表示させることにより衝突の防止を図ろうとするものである。

3．形象物の表示に関する原則（第3項）

船舶は昼間，本法に定める形象物を表示しなければならない。「昼間」とは，「日出から日没までの間」だけでなく，日出前及び日没後のうすあかりの状態にある時間を含む概念であり，「日出から日没までの間」が端的に日出時から日没時までの間の時間を指すのと異なる。

「形象物」とは，昼間において船舶の種類及びその状態を他の船舶に知らせるために表示するものであり，次の図 20－1 のとおり，球形，円すい形，円筒形等の一定の形状を網，板等で形作っているものをいう。

昼間，視界制限状態になった時又は薄明時には，灯火と形象物が同時に表示されることとなる。

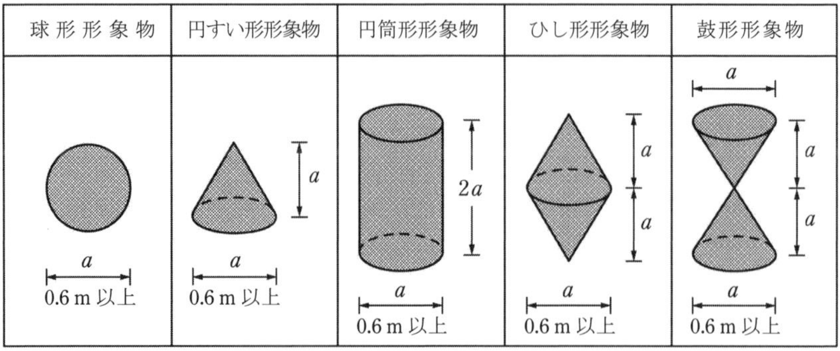

球形形象物	円すい形形象物	円筒形形象物	ひし形形象物	鼓形形象物
a 0.6 m 以上	a a 0.6 m 以上	2a a 0.6 m 以上	a a a 0.6 m 以上	a a a a 0.6 m 以上

○形象物は，黒色のものであること。
○長さ 20 m 未満の船舶は，船舶の大きさに適したものとすることができる。

（図 20－1）

4．灯火又は形象物の技術上の基準及び位置（第 4 項）

本法では，灯火又は形象物の技術上の基準及び位置については，施行規則で規定している。施行規則の概要は，次のとおりである。

⑴ **灯火又は形象物の技術上の基準**（第 2 条～第 8 条）

灯火の色は，一定の範囲の色度を有しなければならないこととするほか，灯火の光度，射光範囲等船舶が表示する灯火の技術上の基準を定めるとともに，形象物の色は，黒色とすること等船舶が表示する形象物の技術上の基準を定めている。

⑵ **灯火又は形象物の位置**（第 9 条～第 17 条）

① 前部マスト灯の垂直位置は，次表のとおりである（第 9 条）。

動力船の種類	前部マスト灯の垂直位置
20 m 以上（海上保安庁長官が告示で定める動力船を除く。）	船体上の高さが 6 m（船舶の最大の幅が 6 m を超えるものはその幅）以上，ただし，12 m を超えることを要しない。
20 m 未満	げん縁上の高さが 2.5 m 以上
12 m 未満	げん縁上の高さが 2.5 m 未満でも差し支えない。
海上保安庁長官が告示で定める動力船	船体上の高さが，前部マスト灯とげん灯を頂点とする二等辺三角形を当該船舶の船体中心線に垂直な平面に投影した二等辺三角形の底角が 27 度以上となるもの。

② 後部マスト灯の垂直位置，マスト灯の間の水平距離等は，図 20−2 のとおりである（第９条，第 10 条）。

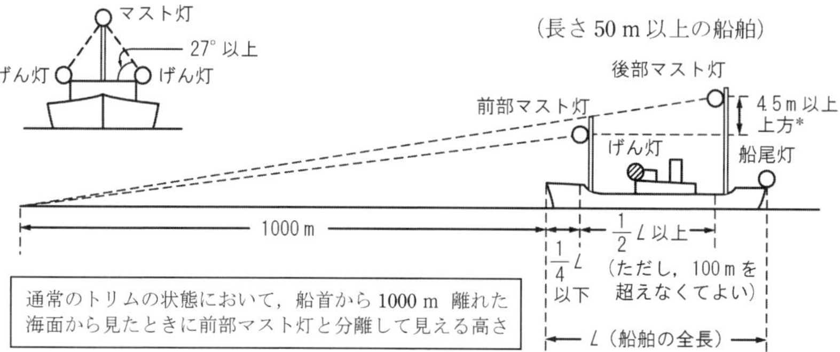

* 海上保安庁長官が告示で定める動力船は，次の算式により算定されるメートル以上上方であればよい。

$$y = \frac{(a + 17\Psi)c}{1000} + 2$$

y：前部マスト灯から後部マスト灯までの垂直距離（メートル）
a：航海状態における水面から前部マスト灯までの垂直距離（メートル）
Ψ：航海状態におけるトリム角（度）
c：前部マスト灯と後部マスト灯の間の水平距離（メートル）

（図 20−2）

○前部マスト灯，後部マスト灯又はマスト灯と同一の特性を有する灯火の位置は，他のすべての灯火（前部マスト灯及び後部マスト灯以外のマスト灯，操縦性能制限船及び喫水制限船の３連掲の全周灯を前部マスト灯より下方に装置できない場合の当該全周灯並びに発光信号に使用する灯火を除く。）よりも上方で，かつ，妨害となる上部構造物によって，その射光が妨げられないような高さでなければならない。

③ げん灯の位置は，次のとおりである（第 11 条）。

○前部マスト灯又はマスト灯と同一の特性を有する灯火の船体上の高さの $\frac{3}{4}$ 以下にあること。長さ 12 m 未満の動力船が前部マスト灯又はマスト灯と同一の特性を有する灯火をげん縁上 2.5 m 未満の高さに掲げる場合は，それよりも 1 m 以上下方にあること。

○甲板を照明する灯火によって射光が妨げられるような低い位置にないこと。

○長さ 20 m 以上の動力船が掲げるげん灯は，前部マスト灯の前方になく，かつ，げん側又はその付近にあること。

④　両色灯及び両色灯と同一の特性を有する灯火の位置は，次のとおりである（第 11 条）。

○前部マスト灯又はマスト灯と同一の特性を有する灯火よりも 1 m 以上下方にあること。

⑤　びょう泊灯等の垂直位置は，図 20－3 のとおりである（第 13 条）。

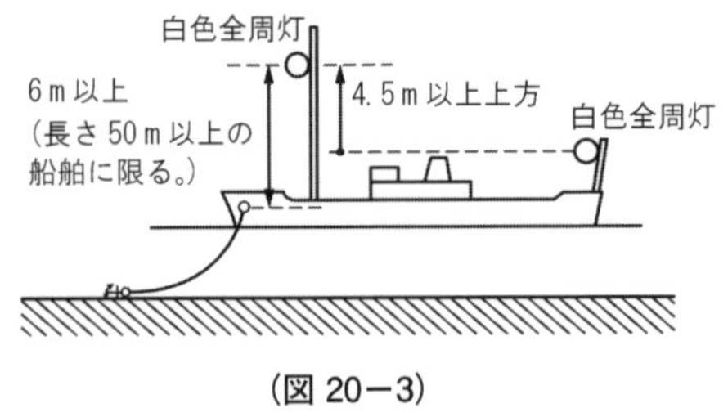

（図 20－3）

⑥　全周灯の位置は，次のとおりである（第 14 条）。

○全周灯の水平射光範囲がマストその他の上部構造物によって 6 度を超えて妨げられないような位置でなければならない。（第 14 条第 1 項）

（1 個の全周灯のみでは，この基準による位置とすることができない場合は 2 個の全周灯を隔板を取り付けることその他の方法により 1 海里の距離から 1 個の灯火として見えるようにすることをもって足りる。（第 14 条第 2 項））

○びょう泊中の船舶及び乗り揚げている船舶が掲げる場合は，上記の規定にかかわらず，できる限り高い位置であることをもって足りる。（第 14 条第 1 項ただし書）

○操縦性能制限船及び喫水制限船が 3 連掲の全周灯を前部マスト灯より下方に装置できない場合は，当該全周灯を次のいずれかの位置に装置することができる。（第 14 条第 4 項）

・前部マスト灯の高さと後部の高さの間であって，船舶の中心線からの水平距離が2m以上である位置（図20－4(1)）

・後部マスト灯よりも上方の位置（図20－4(2)）

⑦　しゅんせつその他の水中作業に従事している船舶が表示する通航の妨害となるおそれのある側のげんを示す灯火又は形象物と，通航できる側のげんを示す灯火又は形象物の位置は，図20－5のとおりである（第15条第2項）。

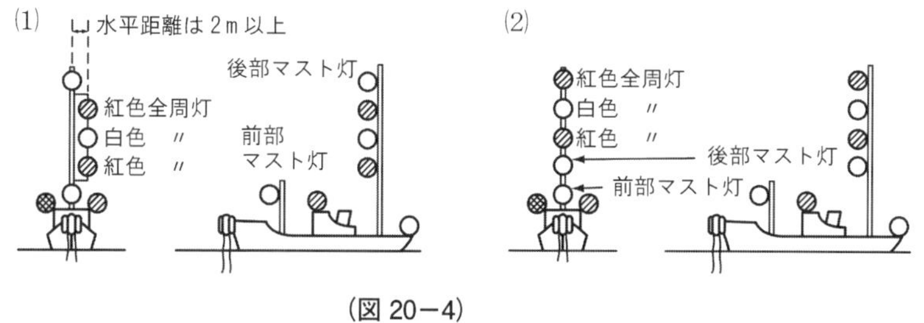

(図20－4)

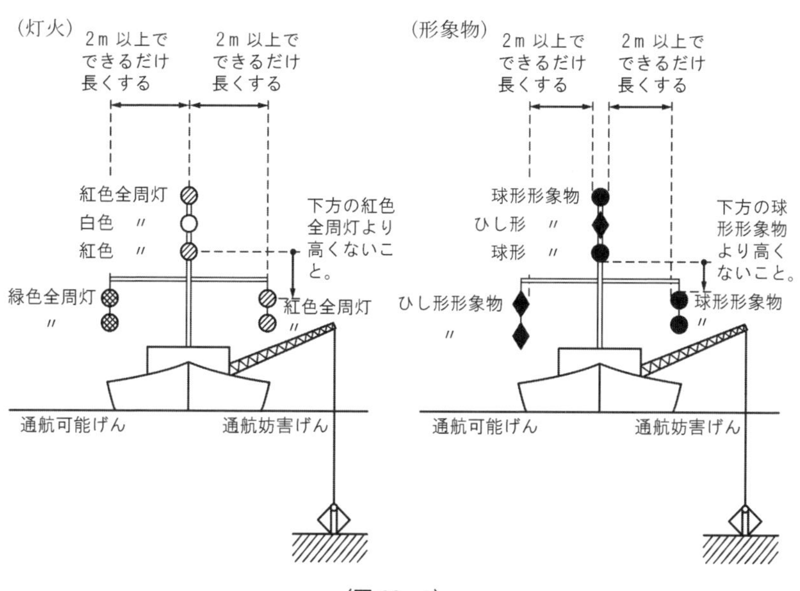

(図20－5)

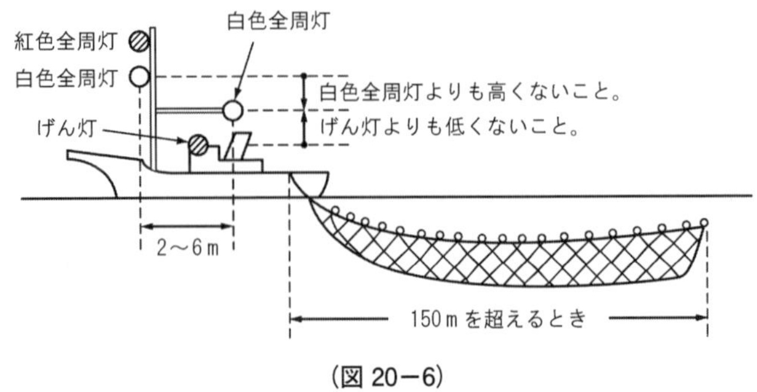

(図 20−6)

⑧　漁具の方向を示す灯火の位置は，図 20−6 のとおりである（第 15 条第 1 項）。

⑨　連掲する灯火及び形象物の間の距離は，次のとおりである（第 12 条，第 17 条）。

種　類	船舶の長さ	垂直距離*	最も下方の灯火の位置**
灯　火	20 m 以上	2 m 以上	船体上の高さ 4 m 以上
	20 m 未満	1 m 以上	げん縁上の高さ 2 m 以上
形象物	全船舶	1.5 m 以上	最も見えやすい場所
	ただし，長さ 20 m 未満の船舶で，船舶の大きさに適した大きさの形象物を掲げるものの垂直距離は，形象物の大きさに適したものとすることができる。		

○ 3 個の灯火を掲げる場合は，これらの灯火の間の距離が等しいこと。

*　灯　火：光源から光源までの距離
　形象物：上方の形象物の下端から下方の形象物の上端までの距離

**　最も下方の灯火は，引き船灯を掲げる場合における船尾灯を含まない。

■（定　義）

第21条　この法律において「マスト灯」とは，225 度にわたる水平の弧を照らす白灯であつて，その射光が正船首方向から各げん正横後 22 度 30 分までの間を照らすように船舶の中心線上に装置されるものをいう。

2　この法律において「げん灯」とは，それぞれ 112 度 30 分にわたる水平の弧を照らす紅灯及び緑灯の 1 対であつて，紅灯にあつてはその射光が正船首方向から左げん正横後 22 度 30 分までの間を照らすように左げん側に装置される灯火をいい，緑灯にあつてはその射光が正船首方向から右げん正横後 22 度 30 分までの間を照らすように右げん側に装置される灯火をいう。

3　この法律において「両色灯」とは，紅色及び緑色の部分からなる灯火であつて，その紅色及び緑色の部分がそれぞれげん灯の紅灯及び緑灯と同一の特性を有することとなるように船舶の中心線上に装置されるものをいう。

4　この法律において「船尾灯」とは，135 度にわたる水平の弧を照らす白灯であつて，その射光が正船尾方向から各げん 67 度 30 分までの間を照らすように装置されるものをいう。

5　この法律において「引き船灯」とは，船尾灯と同一の特性を有する黄灯をいう。

6　この法律において「全周灯」とは，360 度にわたる水平の弧を照らす灯火をいう。

7　この法律において「せん光灯」とは，一定の間隔で毎分 120 回以上のせん光を発する全周灯をいう。

〔概要〕　本条は，本法の第 3 章（灯火及び形象物）で使用される各種の用語のうち基本的なものを定義した規定である。

解説　**1．マスト灯**

図 21−1 (1)のように 225 度にわたる水平の弧を照らすように船舶の中心線上に装置されるものをいう。このマスト灯は，次の「げん灯」と同時に表示することになっており，これらの灯火の表示は，「動力船が航行中であること」を意味する。また，長さ 50 メートル以上の船舶にマスト灯を 2 個表示させることとしているのは，その 2 個のマスト灯の見え具合で早期にその船舶の進行方向が大体判断できるようにするためである。

2．げん灯

図 21−1 (2)のようにそれぞれ 112 度 30 分にわたる水平の弧を照らす紅灯及び緑灯の 1 対であって，紅灯にあってはその射光が正船首方向* から左げ

ん正横後 22 度 30 分までの間を照らすように左げん側に装置される灯火をいい，緑灯にあってはその射光が正船首方向から右げん正横後 22 度 30 分までの間を照らすように右げん側に装置される灯火をいう。げん灯は，接近する船舶の見合い関係を判断するための情報（紅緑のげん灯が同時に見える場合は行会い関係，げん灯が見えない場合は追越し関係，紅緑のうちいずれか一つのげん灯しか見えない場合は，横切り関係）を提供する役割を担っている。また，長さ 50 メートル未満の船舶の場合は，げん灯の見え具合がその船舶の進行方向を判断するうえで参考になっている。

＊　「正船首方向」とは，船舶の中心線の船首側の延長線をいうが，本法ではその平行線をも含めた意味に用いている。従って，これは，げん灯中心から「船舶の中心線の船首側の延長線」に平行に船首側に引いた直線のことである。

3．両色灯

図 21－1 (3)のように紅色及び緑色の部分からなる灯火であって，その紅色及び緑色の部分がそれぞれげん灯の紅灯及び緑灯と同一の特性を有することとなるように船舶の中心線上に装置されるものをいう。

これは，長さ 20 メートル未満の船舶についてげん灯に代えて表示が認められる簡易灯火であり，紅色の射光と緑色の射光を 1 個の灯器で発することができるものである。「げん灯の紅灯及び緑灯と同一の特性を有する」とは，両色灯の紅色の射光が正船首方向から左げん正横後 22 度 30 分までの間，緑色の射光が正船首方向から右げん正横後 22 度 30 分までの間を照らすように装置されていることをいう。

4．船尾灯

図 21－1 (4)のように 135 度にわたる水平の弧を照らす白灯であって，その射光が正船尾方向から各げん 67 度 30 分までの間を照らすように装置されるものをいう。

相手船の船尾灯しか見えない船舶には，自船が相手船の正船尾方向から各げん 67 度 30 分までの間の水域にあることがわかるとともに相手船が航行中であることがわかる。

5．引き船灯

図 21－1 (5)のように船尾灯と同一の特性を有する黄灯をいう。

⑴　マスト灯

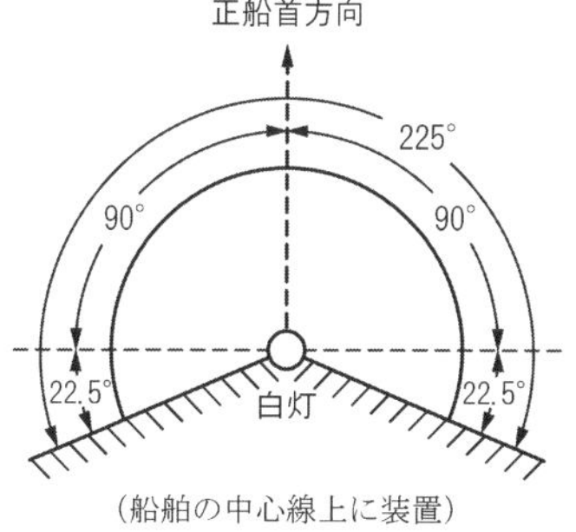

（船舶の中心線上に装置）

⑵　げん灯

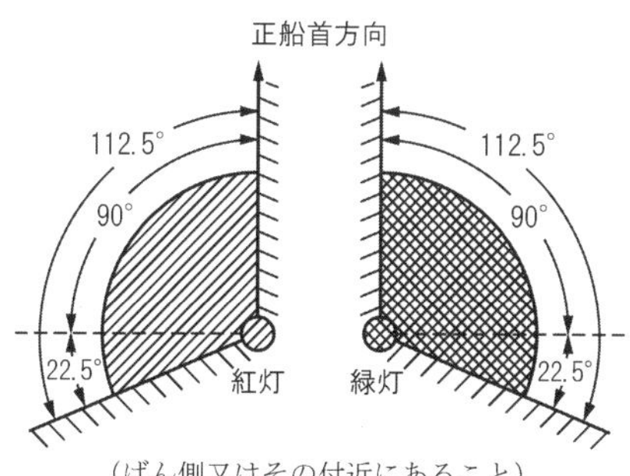

（げん側又はその付近にあること）

⑶　両色灯（げん灯を一つに結合したもの）

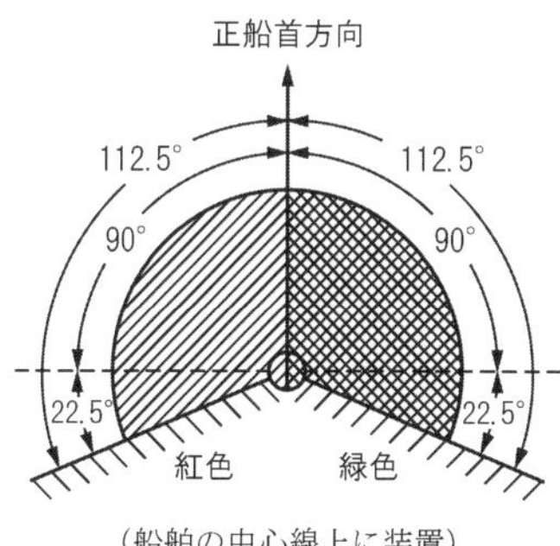

（船舶の中心線上に装置）

⑷　船尾灯

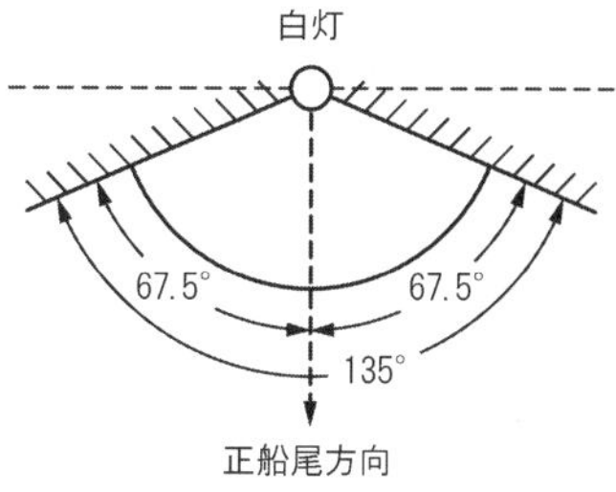

（できる限り船尾近くに掲げる）

⑸　引き船灯

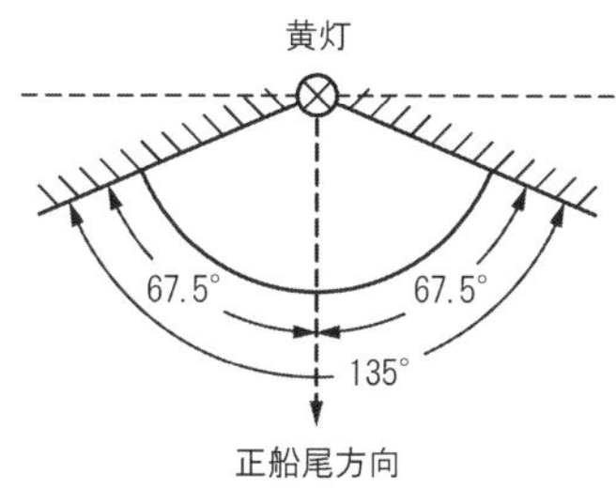

（船尾灯の垂直線上の上方）

(図 21−1)

6．全周灯

360度にわたる水平の弧を照らす灯火をいう。

7．せん光灯

エアクッション船及び特殊高速船（離水若しくは着水に係る滑走又は水面に接近して飛行している状態の表面効果翼船）が表示すべき灯火（本法第23条第2項，第3項）として規定されているものであり，一定の間隔で毎分120回以上のせん光を発する全周灯をいう。この灯火のせん光回数の決定に当たっては，浮標その他の航路標識のせん光灯（通常，毎分60回以上はせん光を発しない。）と識別が容易であるかどうかについて慎重に検討が行われている。

■（灯火の視認距離）

第22条 次の表の上欄に掲げる船舶その他の物件が表示する灯火は，同表中欄に掲げる灯火の種類ごとに，同表下欄に掲げる距離以上の視認距離を得るのに必要な国土交通省令で定める光度を有するものでなければならない。

長さ50メートル以上の船舶（他の動力船に引かれている航行中の船舶であつて，その相当部分が水没しているため視認が困難であるものを除く。）	マスト灯	6海里
	げん灯	3海里
	船尾灯	3海里
	引き船灯	3海里
	全周灯	3海里
長さ12メートル以上50メートル未満の船舶（他の動力船に引かれている航行中の船舶であつて，その相当部分が水没しているため視認が困難であるものを除く。）	マスト灯	5海里（長さ20メートル未満の船舶にあつては，3海里）
	げん灯	2海里
	船尾灯	2海里
	引き船灯	2海里
	全周灯	2海里
長さ12メートル未満の船舶（他の動力船に引かれている航行中の船舶であつて，その相当部分が水没しているため視認が困難であるものを除く。）	マスト灯	2海里
	げん灯	1海里
	船尾灯	2海里
	引き船灯	2海里

	全　周　灯	2海里
他の動力船に引かれている航行中の船舶その他の物件であつて，その相当部分が水没しているため視認が困難であるもの	全　周　灯	3海里

〔概要〕 本条は，船舶が表示する灯火がその船舶の大きさに応じて灯火の種類ごとに一定以上の視認距離を有しなければならないことを定めるとともに，当該灯火がその視認距離を得るのに必要な一定の技術基準（光度）を満足するものでなければならないことを定めた規定である。

解説 視認距離とは，どのくらい先から灯火を視認できるのかということ，つまり，光達距離（光のとどく距離）のことであるが，その光達距離は，灯火の光度が強くなるのに比例して長くなる性格を有するものである。

両者の関係について，施行規則第3条では，一定の長さの視認距離を得るためには一定の光度を有しなければならないというように，1対1の対応関係を定めた算式を規定している。

$$I = 3.43 \times 10^6 \times T \times D^2 \times K^{-D}$$

I ：光度（カンデラ）

T ：閾(いき)値（ルクス）とし，0.0000002

D ：視認距離（海里）

K ：大気の透過率とし，0.8

この算式により算定される灯火の光度は，次の表のとおりである。

灯火の視認距離（光達距離）	灯　火　の　光　度
（海里）	（カンデラ）
1	0.9
2	4.3
3	12
4	27
5	52
6	94

（注）　トロール従事船及びきんちゃく網を用いて漁ろうに従事している船舶が表示する特別の灯火の光度については旅行規則第 4 条第 3 項及び第 16 条第 1 項に定められている。

■（航行中の動力船）

第23条　航行中の動力船（次条第 1 項，第 2 項，第 4 項若しくは第 7 項，第 26 条第 1 項若しくは第 2 項，第 27 条第 1 項から第 4 項まで若しくは第 6 項又は第 29 条の規定の適用があるものを除く。以下この条において同じ。）は，次に定めるところにより，灯火を表示しなければならない。

一　前部にマスト灯 1 個を掲げ，かつ，そのマスト灯よりも後方の高い位置にマスト灯 1 個を掲げること。ただし，長さ 50 メートル未満の動力船は，後方のマスト灯を掲げることを要しない。

二　げん灯 1 対（長さ 20 メートル未満の動力船にあっては，げん灯 1 対又は両色灯 1 個。第 4 項及び第 5 項並びに次条第 1 項第二号及び第 2 項第二号において同じ。）を掲げること。

三　できる限り船尾近くに船尾灯 1 個を掲げること。

2　水面から浮揚した状態で航行中のエアクッション船（船体の下方へ噴出する空気の圧力の反作用により水面から浮揚した状態で移動することができる動力船をいう。）は，前項の規定による灯火のほか，黄色のせん光灯 1 個を表示しなければならない。

3　特殊高速船（その有する速力が著しく高速であるものとして国土交通省令で定める動力船をいう。）は，第一項の規定による灯火のほか，紅色のせん光灯 1 個を表示しなければならない。

4　航行中の長さ 12 メートル未満の動力船は第 1 項の規定による灯火の表示に代えて，白色の全周灯 1 個及びげん灯 1 対を表示することができる。

5　航行中の長さ 7 メートル未満の動力船であつて，その最大速力が 7 ノットを超えないものは，第 1 項又は前項の規定による灯火の表示に代えて，白色の全周灯 1 個を表示することができる。この場合において，その動力船は，できる限りげん灯 1 対を表示しなければならない。

6　航行中の長さ 12 メートル未満の動力船は，マスト灯を表示しようとする場合において，そのマスト灯を船舶の中心線上に装置することができないときは，マスト灯と同一の特性を有する灯火1個を船舶の中心線上の位置以外の位置に表示することをもつて足りる。

7　航行中の長さ 12 メートル未満の動力船は，両色灯を表示しようとする場合において，マスト灯又は第4項若しくは第5項の規定による白色の全周灯を船舶の中心線上に装置することができないときは，その両色灯の表示に代えて，これと同一の特性を有する灯火1個を船舶の中心線上の位置以外の位置に表示することができる。この場合において，その灯火は，前項の規定によるマスト灯と同一の特性を有する灯火又は第4項若しくは第5項の規定による白色の全周灯が装置されている位置から船舶の中心線に平行に引いた直線上又はできる限りその直線の近くに掲げるものとする。

〔概要〕 本条は，航行中の動力船及び水面から浮揚した状態で航行中のエアクッション船並びに特殊高速船（離水若しくは着水に係る滑走又は水面に接近して飛行している状態の表面効果翼船）が表示すべき灯火について定めた規定である。

解説　**1．一般動力船の灯火**（第1項）

一般動力船が表示する灯火は，図23−1のとおりである。

ただし，動力船である船舶であっても，えい航・押航作業に従事している場合，漁ろうに従事している場合，工事・作業に従事している場合等特別の状態にある場合に本法の他の条項の規定により特別の灯火を表示するとき*は，本条の規定は適用されない（第1項括弧書）。

* 他の条項の適用

○えい航・押航作業に従事している場合……第24条第1項，第2項，第4項，第7項（航行中のえい航船等）

○漁ろうに従事している場合……第26条第1項，第2項（漁ろうに従事している船舶）

○故障している場合……第 27 条第 1 項（運転不自由船）

○工事・作業に従事している場合……第 27 条第 2 項，第 3 項，第 4 項，第 6 項（操縦性能制限船）

○水先業務に従事している場合……第 29 条（水先船）

(イ) 長さ 50 m 以上

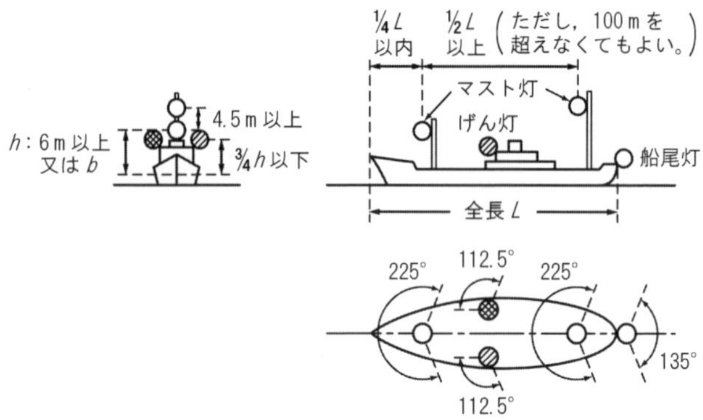

○ h：船舶の最大の幅が 6 m を超えるときは，その幅以上とし，12 m を超えなくてもよい。

ただし，海上保安庁長官が告示で定める動力船については船体上の高さが前部マスト灯とげん灯を頂点とする二等辺三角形を当該船舶の船体中心線に垂直な平面に投影した二等辺三角形が 27 度以上となるもの。（p.80 参照）

(ロ) 長さ 50 m 未満

ただし，次の船舶は，それぞれ次に記載のものを掲げることができる。

(I) 長さ 12 m 以上 20 m 未満

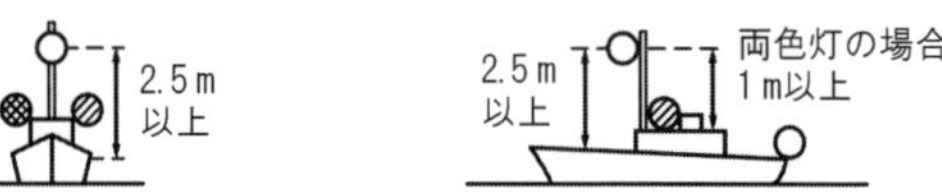

(Ⅱ)　長さ 12 m 未満

○マスト灯と船尾灯に代えて，白色全周灯 1 個を掲げることができる。（この場合げん灯はその全周灯より 1 m 以上下方になくてはならない。）

○長さ 7 m 未満で，最大速力が 7 ノットを超えない動力船は，白色全周灯 1 個でもよいが，実行可能な限りげん灯を表示しなければならない。

○前部マスト灯のみを掲げる場合，船体中央より前方でなければならない。（施行規則第 10 条第 3 項）ただし，20 m 未満の船舶においては，できる限り前方の位置でよい。

○マスト灯又は白色全周灯を船舶の中心線上に設置できない場合には次の方法により掲げることができる。

①　マスト灯と同一の特性を有する灯火を掲げる場合

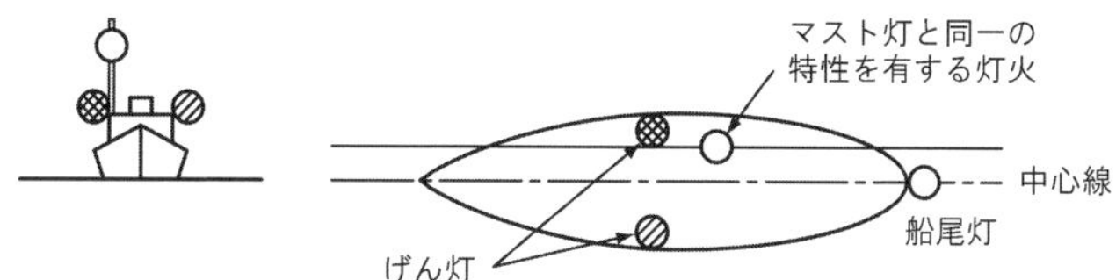

②　白色全周灯を掲げる場合

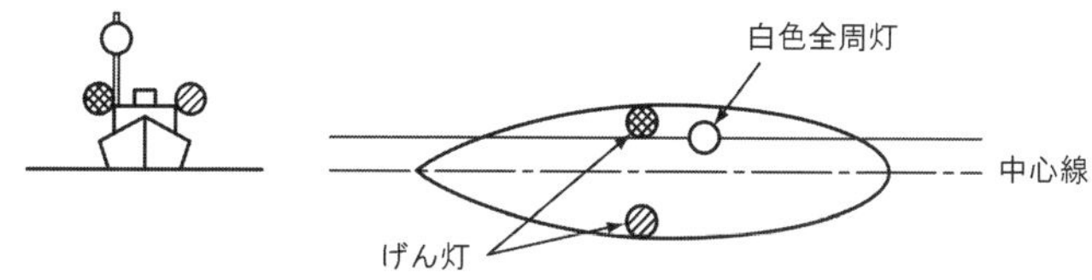

上記の場合において両色灯又はこれと同一の特性を有する灯火を掲げるときは，次の方法により掲げなければならない。

① マスト灯と同一の特性を有する灯火を掲げる場合

a．船舶の中心線上

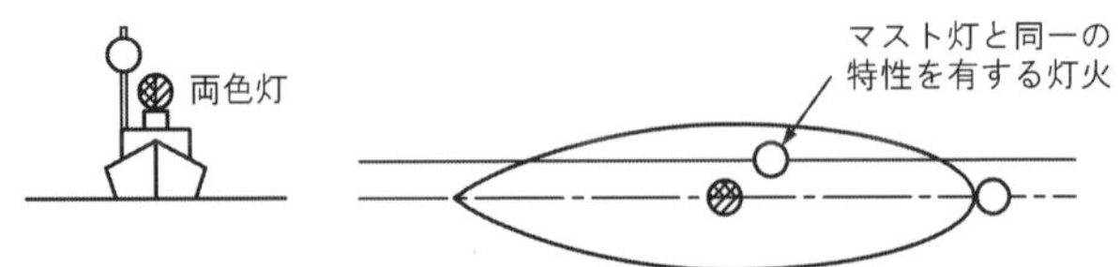

b．マスト灯と同一の特性を有する灯火と同一の直線上

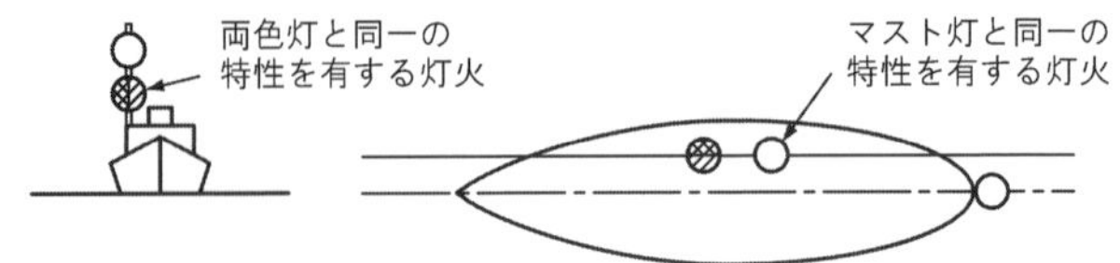

② 白色全周灯を掲げる場合

a．船舶の中心線上

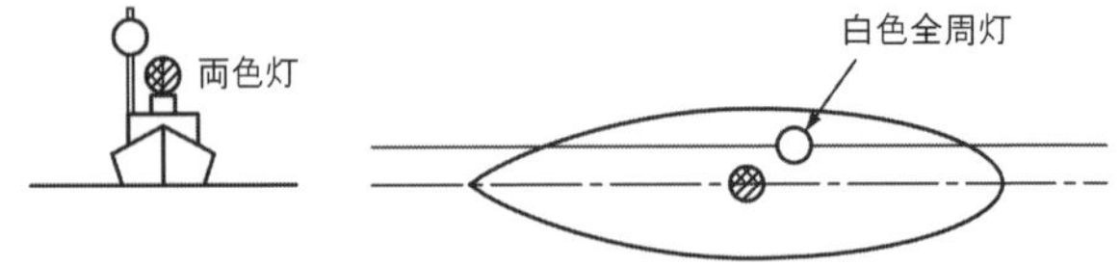

b．白色全周灯と同一の直線上

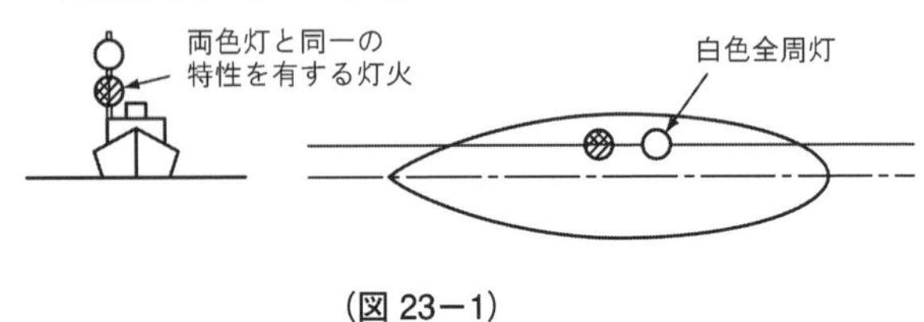

(図 23−1)

2．両色灯の表示（第 1 項第二号）

長さ 20 メートル未満の船舶のような小型船舶にあっては，その船体の大きさ，構造等のために，両げんにそれぞれげん灯を表示することが困難な場合が考えられるため，げん灯と同様の機能を果たす両色灯即ち簡易灯火の表示でもよいこととしている（一般の動力船だけでなく，えい航船等，帆船，漁ろう船，運転不自由船，操縦性能制限船，水先船すべてに共通)。

3．エアクッション船の灯火（第2項）

「水面から浮揚した状態で航行中のエアクッション船」は，その速力も速く一般動力船と航行形態が異なるので，図 23－2 のとおり，一般動力船の灯火（図 23－1）のほか，黄色のせん光灯 1 個を表示しなければならない。なお，水中翼船については，本法は何ら特別の取扱いをしていないので，一般動力船の灯火を表示することとなる。

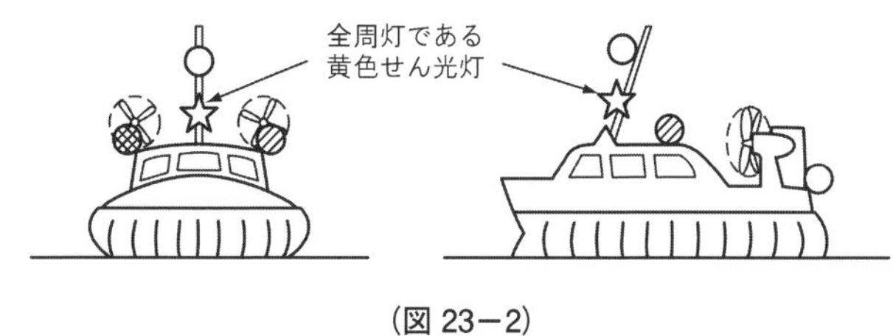

（図 23－2）

4．特殊高速船の灯火（第3項）

「特殊高速船（離水若しくは着水に係る滑走又は水面に接近して飛行している状態の表面効果翼船）」は，その速力も速く一般動力船と航行形態が異なるので，図 23－3 のとおり，一般動力船の灯火（図 23－1）のほか，紅色のせん光灯 1 個を表示しなければならない。

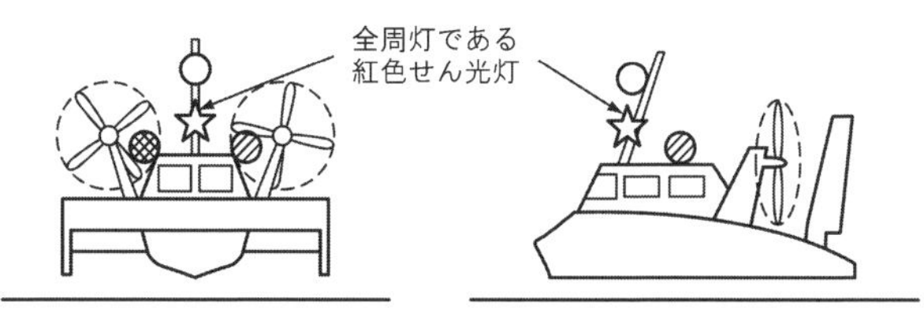

（図 23－3）

5．小型動力船の灯火の表示義務緩和（第4項～第7項）

長さ 12 メートル未満の動力船のような小型の動力船にまで一般動力船と同様の灯火を表示させることは，その船体の大きさ，構造，電気設備等からみて困難な場合が多いと考えられるので，次のような緩和措置が設けられている。

⑴ **長さ12メートル未満の動力船の灯火の表示義務緩和**（第4項）

長さ12メートル未満の動力船は，一般動力船が表示する灯火に代えて，白色全周灯1個及びげん灯1対を表示することができる。

⑵ **長さ7メートル未満の動力船の灯火の表示義務緩和**（第5項）

長さ7メートル未満の動力船で特に速力の遅い（最大速力7ノット以下）ものについては，更に，白色全周灯1個の表示で足りる。ただし，この場合には，できる限り，げん灯1対を表示しなければならない。

⑶ **長さ12メートル未満の動力船のマスト灯の位置の緩和**（第6項）

長さ12メートル未満の動力船は，マスト灯を表示しようとする場合において，そのマスト灯を船舶の中心線上に装置することができないときは，船舶の中心線上の位置以外の位置に表示することができる。この場合，マスト灯は，「マスト灯と同一の特性を有する灯火」と呼ばれている（第21条第1項参照）。

⑷ **長さ12メートル未満の動力船の両色灯の位置の緩和**（第7項）

長さ12メートル未満の動力船は，両色灯を表示しようとする場合において，マスト灯又は白色全周灯を船舶の中心線上に装置することができないときは，両色灯を船舶の中心線上の位置以外の位置に表示することができる。この場合，両色灯は，マスト灯又は白色全周灯が装置されている位置から船舶の中心線に平行に引いた直線上又はできる限りその直線の近くに掲げなければならない。

船舶の中心線上の位置以外の位置に装置される両色灯は，「両色灯と同一の特性を有する灯火」と呼ばれている（第21条第3項参照）。

■（航行中のえい航船等）

第24条 船舶その他の物件を引いている航行中の動力船（次項，第26条第1項若しくは第2項又は第27条第1項から第4項まで若しくは第6項の規定の適用があるものを除く。以下この項において同じ。）は，次に定めるところにより，灯火又は形象物を表示しなければならない。

一 次のイ又はロに定めるマスト灯を掲げること。ただし，長さ50メートル未満の動力船は，イに定める後方のマスト灯を掲げることを要しない。

イ　前部に垂直線上にマスト灯2個（引いている船舶の船尾から引かれている船舶その他の物件の後端までの距離（以下この条において「えい航物件の後端までの距離」という。）が200メートルを超える場合にあつては，マスト灯3個）及びこれらのマスト灯よりも後方の高い位置にマスト灯1個

ロ　前部にマスト灯1個及びこのマスト灯よりも後方の高い位置に垂直線上にマスト灯2個（えい航物件の後端までの距離が200メートルを超える場合にあつては，マスト灯3個）

二　げん灯1対を掲げること。

三　できる限り船尾近くに船尾灯1個を掲げること。

四　前号の船尾灯の垂直線上の上方に引き船灯1個を掲げること。

五　えい航物件の後端までの距離が200メートルを超える場合は，最も見えやすい場所にひし形の形象物1個を掲げること。

2　船舶その他の物件を押し，又は接げんして引いている航行中の動力船（第26条第1項若しくは第2項又は第27条第1項，第2項若しくは第4項の規定の適用があるものを除く。以下この項において同じ。）は，次に定めるところにより，灯火を表示しなければならない。

一　次のイ又はロに定めるマスト灯を掲げること。ただし，長さ50メートル未満の動力船は，ィに定める後方のマスト灯を掲げることを要しない。

イ　前部に垂直線上にマスト灯2個及びこれらのマスト灯よりも後方の高い位置にマスト灯1個

ロ　前部にマスト灯1個及びこのマスト灯よりも後方の高い位置に垂直線上にマスト灯2個

二　げん灯1対を掲げること。

三　できる限り船尾近くに船尾灯1個を掲げること。

3　遭難その他の事由により救助を必要としている船舶を引いている航行中の動力船であつて，通常はえい航作業に従事していないものは，やむを得ない事由により前2項の規定による灯火を表示することができない

場合は，これらの灯火の表示に代えて，前条の規定による灯火を表示し，かつ，当該動力船が船舶を引いていることを示すため，えい航索の照明その他の第36条第1項の規定による他の船舶の注意を喚起するための信号を行うことをもつて足りる。

4 他の動力船に引かれている航行中の船舶その他の物件（第1項，第7項(第二号に係る部分に限る。)，第26条第1項若しくは第2項又は第27条第2項から第4項までの規定の適用がある船舶及び次項の規定の適用がある船舶その他の物件を除く。以下この項において同じ。）は，次に定めるところにより，灯火又は形象物を表示しなければならない。

一 げん灯1対（長さ20メートル未満の船舶その他の物件にあつては，げん灯1対又は両色灯1個）を掲げること。

二 できる限り船尾近くに船尾灯1個を掲げること。

三 えい航物件の後端までの距離が200メートルを超える場合は，最も見えやすい場所にひし形の形象物1個を掲げること。

5 他の動力船に引かれている航行中の船舶その他の物件であつて，その相当部分が水没しているため視認が困難であるものは，次に定めるところにより，灯火又は形象物を表示しなければならない。この場合において，2以上の船舶その他の物件が連結して引かれているときは，これらの物件は，1個の物件とみなす。

一 前端又はその付近及び後端又はその付近に，それぞれ白色の全周灯1個を掲げること。ただし，石油その他の貨物を充てんして水上輸送の用に供するゴム製の容器は，前端又はその付近に白色の全周灯を掲げることを要しない。

二 引かれている船舶その他の物件の最大の幅が25メートル以上である場合は，両側端又はその付近にそれぞれ白色の全周灯1個を掲げること。

三 引かれている船舶その他の物件の長さが100メートルを超える場合は，前二号の規定による白色の全周灯の間に，100メートルを超えない間隔で白色の全周灯を掲げること。

四 後端又はその付近にひし形の形象物1個を掲げること。

五　えい航物件の後端までの距離が 200 メートルを超える場合は，できる限り前方の最も見えやすい場所にひし形の形象物1個を掲げること。

6　前2項に規定する他の動力船に引かれている航行中の船舶その他の物件は，やむを得ない事由により前2項の規定による灯火又は形象物を表示することができない場合は，照明その他その存在を示すために必要な措置を講ずることをもつて足りる。

7　次の各号に掲げる船舶（第 26 条第 1 項若しくは第 2 項又は第 27 条第 2 項から第 4 項までの規定の適用があるものを除く。）は，それぞれ当該各号に定めるところにより，灯火を表示しなければならない。この場合において，2 隻以上の船舶が一団となつて，押され，又は接げんして引かれているときは，これらの船舶は，1 隻の船舶とみなす。

一　他の動力船に押されている航行中の船舶　前端にげん灯 1 対（長さ 20 メートル未満の船舶にあつては，げん灯 1 対又は両色灯 1 個。次号において同じ。）を掲げること。

二　他の動力船に接げんして引かれている航行中の船舶　前端にげん灯 1 対を掲げ，かつ，できる限り船尾近くに船尾灯 1 個を掲げること。

8　押している動力船と押されている船舶とが結合して一体となつている場合は，これらの船舶を 1 隻の動力船とみなしてこの章の規定を適用する。

〔概要〕 本条は，えい航・押航作業に従事している船舶等が表示する灯火又は形象物について定めた規定である。

解説　**1．船舶その他の物件を引いている航行中の動力船の灯火又は形象物**（第1項）

船舶その他の物件を引いている航行中の動力船は，図 24−1 のとおり，灯火又は形象物を表示しなければならない。

ただし，船舶その他の物件を引いている航行中の動力船であっても，船舶その他の物件を接げんして引いている場合（第2項），漁ろうに従事している場合（第 26 条），故障している場合（第 27 条第 1 項）及び工事・作業に従事している場合（第 27 条第 2 項〜第 4 項，第 6 項）に他の条項の規定により特別の灯火又は形象物を表示するときは，第1項の規定は，適用されない。

灯火

(イ) 長さ 50 m 以上の動力船がえい航作業に従事する場合で，えい航物件の後端までの距離が 200 m を超えるとき（次のいずれでもよい。）

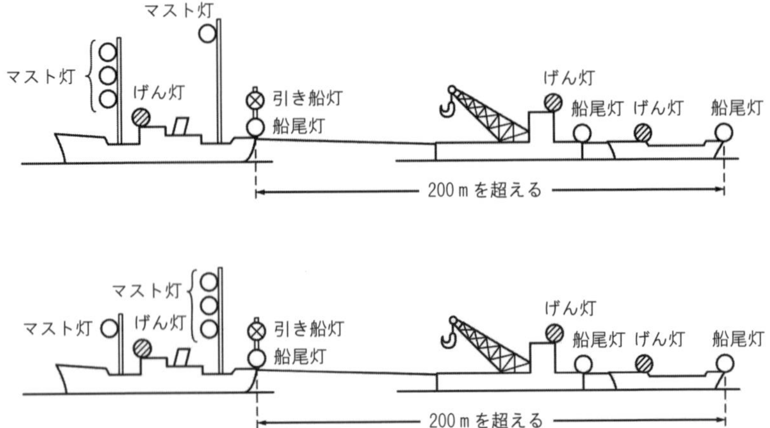

(ロ) 長さ 50 m 以上の動力船がえい航作業に従事する場合で，えい航物件の後端までの距離が 200 m 以下のとき（次のいずれでもよい。）

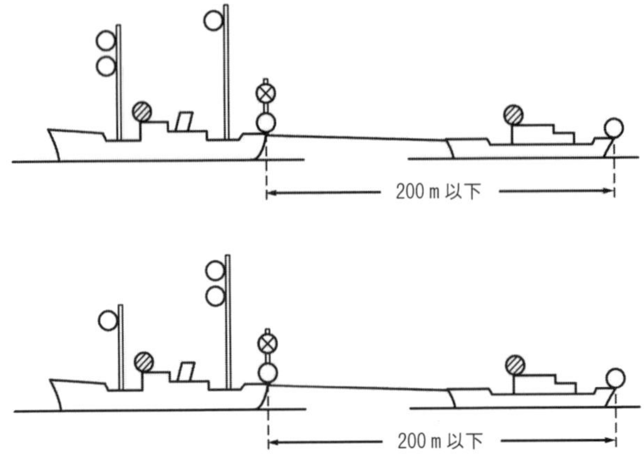

(ハ)　長さ 50 m 未満の動力船がえい航作業に従事する場合で，えい航物件の後端までの距離が 200 m を超えるとき

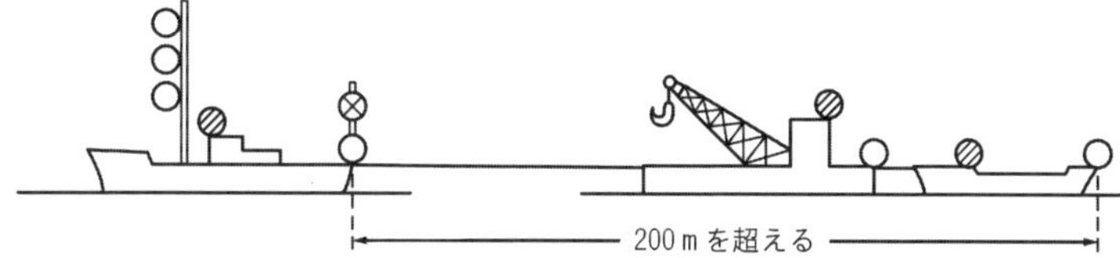

(ニ)　長さ 50 m 未満の動力船がえい航作業に従事する場合で，えい航物件の後端までの距離が 200 m 以下のとき

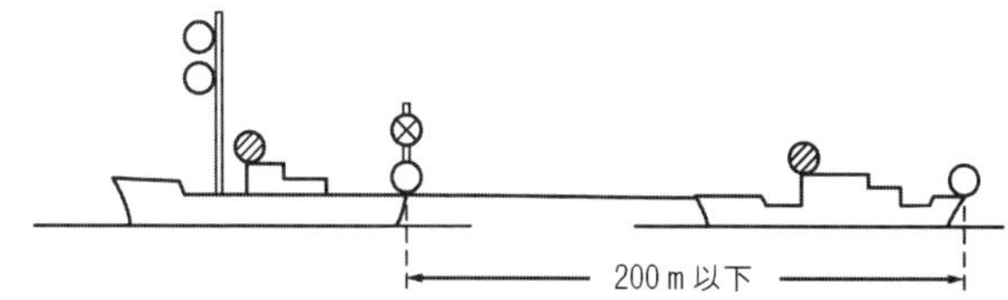

形象物（えい航物件の後端までの距離が 200 m を超える場合のみ）

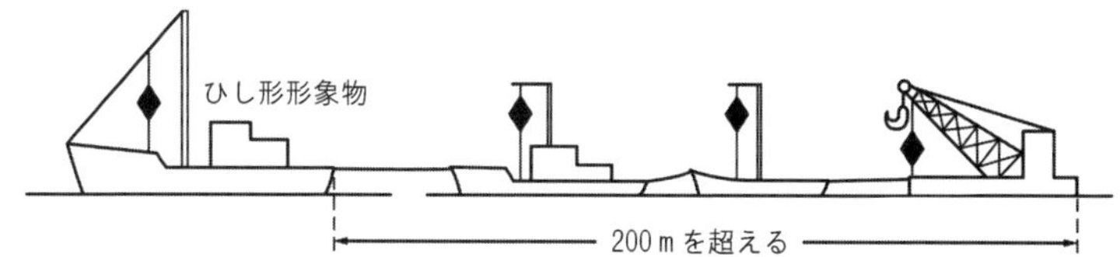

○要救助船舶をえい航している動力船で，通常はえい航作業に従事していないものは，やむを得ない事由によりえい航作業に従事していることを示す灯火を表示することができない場合は，航行中の動力船の灯火を表示し，かつ，当該動力船が船舶を引いていることを示すため，えい航索の照明等他の船舶の注意を喚起するための信号を行わなければならない。

○引かれている船舶その他の物件がやむを得ない事由により灯火又は形象物を表示することができない場合は，照明その他その存在を示すために必要な措置をとらなければならない。

(図 24−1)

2．船舶その他の物件を押し，又は接げんして引いている航行中の動力船の灯火（第2項）

船舶その他の物件を押し，又は接げんして引いている航行中の動力船は，図24−2のとおり，灯火を表示しなければならない。

「船舶その他の物件を接げんして引いている」とは，引き船のげん側に，他の船舶その他の物件をワイヤーロープ等によりつなぎとめて航行している状態をいう。このような「接げんして引く」方法は，引かれ船の舵が故障している場合のように通常のえい航方法（船尾から伸ばしたロープを引かれ船の船首につないで引く方法）によることが困難な場合に用いられる。

なお，船舶その他の物件を押し，又は接げんして引いている航行中の動力船であっても，漁ろうに従事している場合（第26条），故障している場合（第27条第1項）及び工事・作業に従事している場合（第27条第2項，第4項）に他の条項の規定により特別の灯火を表示するときは，第2項の規定は適用されない。

(イ)　長さ50m以上の動力船が押している場合（次のいずれでもよい。）

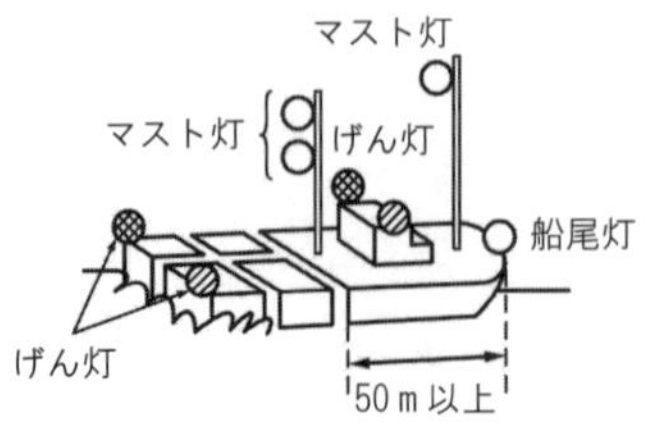

2隻以上の船舶が一団となって押されているときは1隻とみなされる。

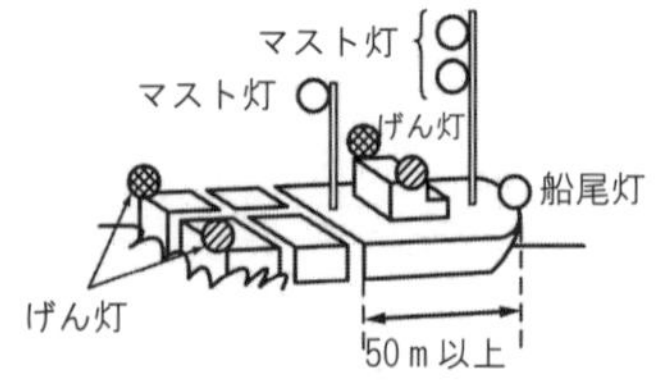

2隻以上の船舶が一団となって押されているときは1隻とみなされる。

(ロ)　長さ50m未満の動力船が押している場合

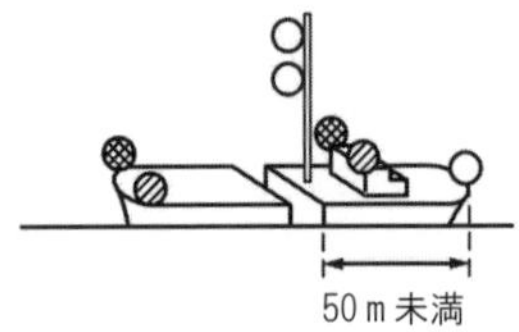

(ハ) 長さ50 m以上の動力船が接げんして引いている場合（次のいずれでもよい。）

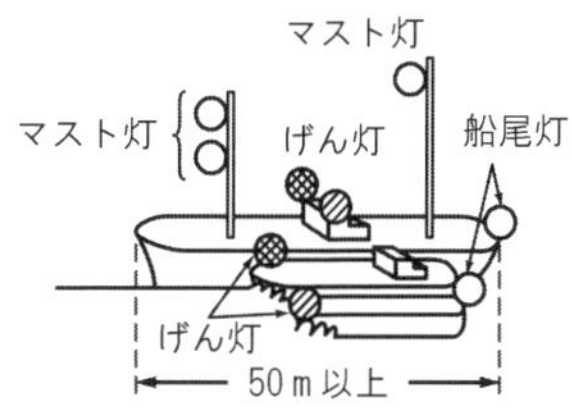

2 隻以上の船舶が一団となって接げんして引かれているときは 1 隻とみなされる。

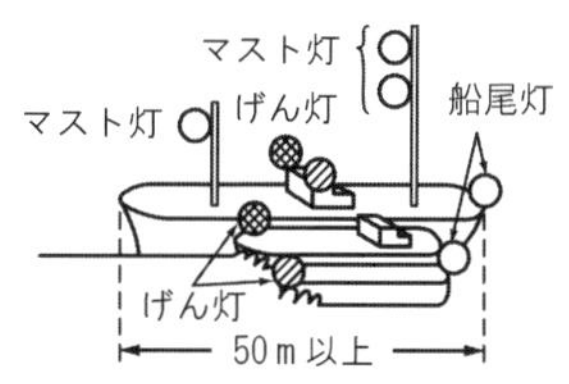

2 隻以上の船舶が一団となって接げんして引かれているときは 1 隻とみなされる。

(ニ) 長さ50 m未満の動力船が接げんして引いている場合

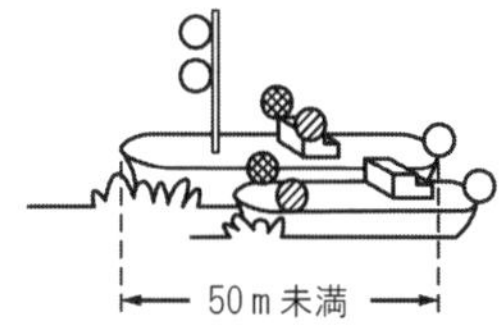

○要救助船舶をえい航している動力船で，通常はえい航作業に従事していないものは，やむを得ない事由によりえい航作業に従事していることを示す灯火を表示することができない場合は，航行中の動力船の灯火を表示し，かつ，当該動力船が船舶を引いていることを示すため，えい航索の照明等他の船舶の注意を喚起するための信号を行わなければならない。

(図 24－2)

3．要救助船舶をえい航している動力船の灯火（第3項）

図 24－1 及び図 24－2 にあるように，要救助船舶をえい航している動力船で，通常はえい航作業に従事していないものは，えい航作業に従事していることを示す灯火を設置していないものが多いため，やむを得ない事由によりえい航作業に従事していることを示す灯火を表示することができない場合は，航行中の動力船の灯火を表示し，かつ，当該動力船が船舶を引いていることを示すため，えい航索の照明等他の船舶の注意を喚起するための信号を行えばよいこととなっている。

4．他の動力船に引かれている航行中の船舶その他の物件の灯火又は形象物（第4項）

他の動力船に引かれている航行中の船舶その他の物件は，図 24−1 のとおり，灯火又は形象物を表示しなければならない。

ただし，他の動力船に引かれている船舶その他の物件であっても，船舶その他の物件を引いている場合（第1項），他の動力船に接げんして引かれている場合（第7項第二号），漁ろうに従事している場合（第26条第1項，第2項），工事・作業に従事している場合（第27条第2項〜第4項）及びその相当部分が水没しているため視認が困難である船舶その他の物件の場合（第5項）に他の条項の規定により特別の灯火又は形象物を表示するときは，第4項の規定は，適用されない。

5．他の動力船に引かれている航行中の船舶その他の物件であって，その相当部分が水没しているため視認が困難であるものの灯火又は形象物（第5項）

他の動力船に引かれている航行中の船舶その他の物件であって，その相当部分が水没しているため視認が困難であるものは，図 24−3 のとおり，灯火又は形象物を表示しなければならない。この場合，2以上の船舶その他の物件が連結して引かれているときは，1個の物件とみなされる。

灯火

(イ) 引かれている物件の幅が 25 m 未満で，長さが 100 m 以下のとき

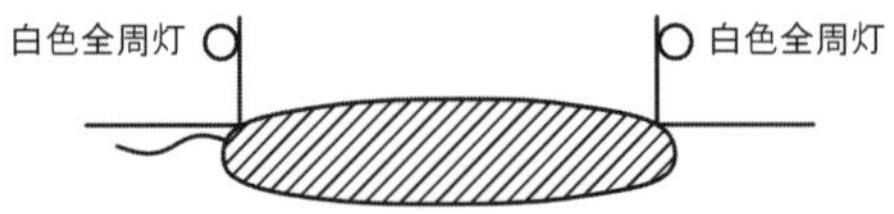

○ただし，ドラコーンは前部に灯火を掲げなくてもよい

(ロ) 引かれている物件の幅が 25 m 以上のとき

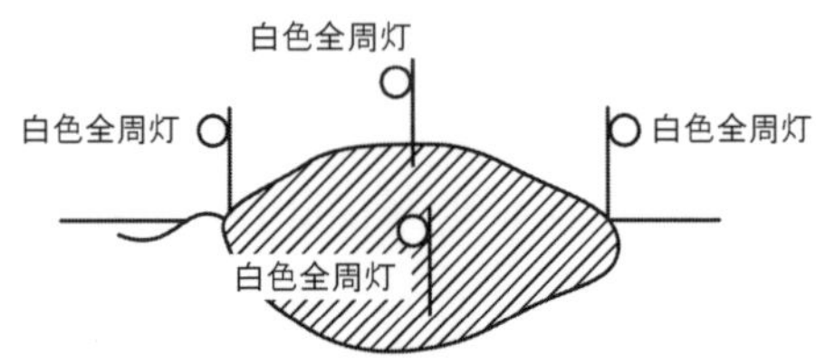

(ハ)　引かれている物件の長さが 100 m を超えるとき

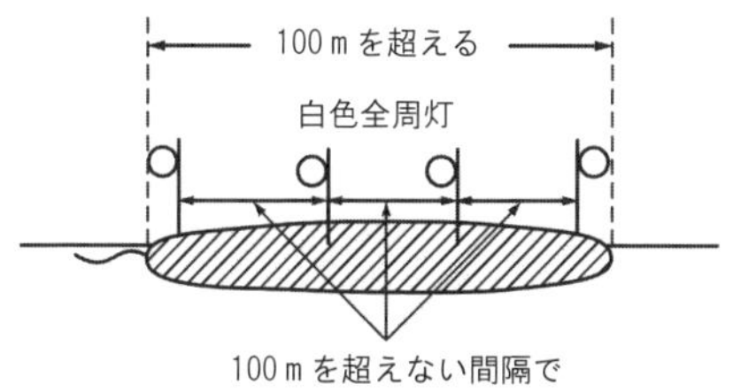

形象物

(イ)　えい航物件の後端までの距離が 200 m 以下のとき

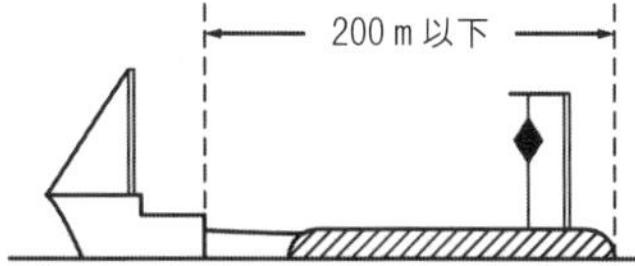

(ロ)　えい航物件の後端までの距離が 200 m を超えるとき

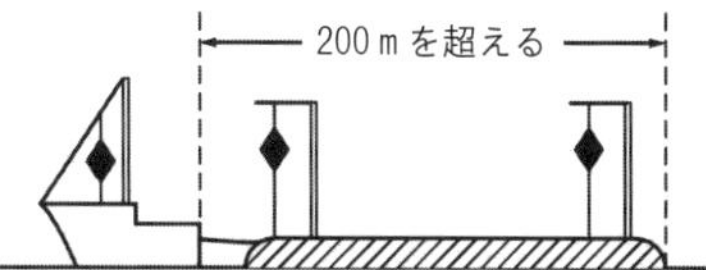

○引かれている船舶その他の物件がやむを得ない事由により灯火又は形象物を表示することができない場合は，照明その他その存在を示すために必要な措置をとらなければならない。

(図 24－3)

６．他の動力船に引かれている船舶その他の物件が灯火又は形象物を表示できない場合の代替措置（第６項）

他の動力船に引かれている船舶その他の物件は，灯火又は形象物を表示することが物理的に不可能な場合があるため，やむを得ない事由により灯火又は形象物を表示することができない場合は，照明その他その存在を示すために必要な措置をとればよいこととなっている。

７．他の動力船に押されている航行中の船舶及び他の動力船に接げんして引かれている航行中の船舶の灯火（第７項）

他の動力船に押されている航行中の船舶及び他の動力船に接げんして引かれている航行中の船舶は，図 24－2 のとおり，灯火を表示しなければならない。

この場合において，2 隻以上の船舶が一団となって，押され，又は接げんして引かれているときは，これらの船舶それぞれに灯火を表示する義務をかけず，1隻の船舶として灯火を表示させることとしている。

なお，他の動力船に押されている航行中の船舶及び他の動力船に接げんして引かれている航行中の船舶であっても，漁ろうに従事している場合（第26条），工事・作業に従事している場合（第27条第2項〜第4項）に他の条項の規定により特別の灯火を表示するときは，第7項の規定は適用されない。

8．押し船と押され船が結合して一体となっている場合の灯火又は形象物（第8項）

押している動力船と押されている船舶とが結合して一体となっている場合，即ち，押している動力船と押されている船舶とが固縛されており，かつ，その動きが，あたかも，1隻の船舶の動きとして考えられるような状態の場合は，1隻の動力船とみなして，第3章（灯火及び形象物）の規定を適用することとした（図24−4）。これは，これらの船舶が外見上まさに1隻の船舶と全く同様の形態で航行するものであるから，これらの船舶を1隻の動力船とみなして灯火を表示させる方が実態にあっていると考えられるからである。

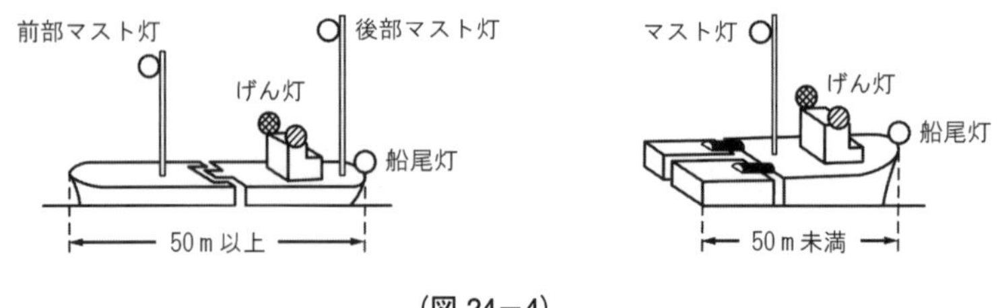

（図24−4）

〔参考〕　「結合して一体となっている場合」について

押している動力船と押されている船舶とが結合して一体となっているかどうかは，これらの船舶の航行形態が単独で航行している一般動力船と同一であるかどうかの判断にかかっている。

押している動力船と押されている船舶を結合した場合には，その結合部において船舶の中心線に対して左右の運動を生ずるものと生じないものとがあるが，前者については，

⑴　前部マスト灯と後部マスト灯が同一船体中心線上に存在しないことがあること。

⑵　前部マスト灯と後部マスト灯の射光の範囲が異なり，同時に見えないことがあること。

⑶　マスト灯と船尾灯が同時に見えることがあること。

のような問題があり，他の船舶に見合い関係を見誤らせる可能性があるため1隻の動力船として取扱うことは妥当でない。他方後者については問題となる点がないため 1 隻の動力船として取扱う必要がある。現在我が国において運航されている押している動力船と押されている船舶の結合方法及び結合部における相対運動の比較は，別表のとおりであり，それらの船舶の種類ごとに判断すると次のとおりである。

⑴　ロープのみによる結合方法を採用している船舶のうちノッチを有しないものは，結合部において船舶の中心線に対する左右の運動（以下「左右の運動」という。）を伴うため，これらを1隻の動力船とみなさないこととする。

別表　結合方法及び相対運動の比較

<table>
<tr><td colspan="2" rowspan="3">分類の方法
事項</td><td>結合の方法</td><td colspan="2">ロープのみによる結合</td><td>ピンによる結合</td><td>嵌合による結合</td></tr>
<tr><td>結合部の形状</td><td>ノッチ無し**</td><td colspan="2">ノッチ有り</td><td>特殊な形状</td></tr>
<tr><td>参考図</td><td>図1</td><td>図2</td><td>図3</td><td>図4</td></tr>
<tr><td rowspan="4">結合部の相対運動</td><td colspan="2">ローリングに対する運動</td><td>○*</td><td>△*</td><td>×*</td><td>×</td></tr>
<tr><td colspan="2">ピッチングに対する運動</td><td>○</td><td>○</td><td>○</td><td>×</td></tr>
<tr><td colspan="2">上下の運動</td><td>○</td><td>○</td><td>×</td><td>×</td></tr>
<tr><td colspan="2">船舶の中心線に対する左右の運動（yawing）</td><td>○</td><td>△</td><td>△</td><td>×</td></tr>
<tr><td colspan="3">射光範囲の変化の可能性***</td><td>○</td><td>△</td><td>△</td><td>×</td></tr>
</table>

*　○印は有るもの，×印は無いもの，△印は有るもの無いものがあることを示す。

**　ノッチとは押される船舶の船尾に，押す動力船の船首を固定するため形成されている凹部のことで，その凹部は浅いものから深いものまである。

***　射光範囲の変化とは，マスト灯及びげん灯の水平射光範囲の船体中心線に対する変化をいう。

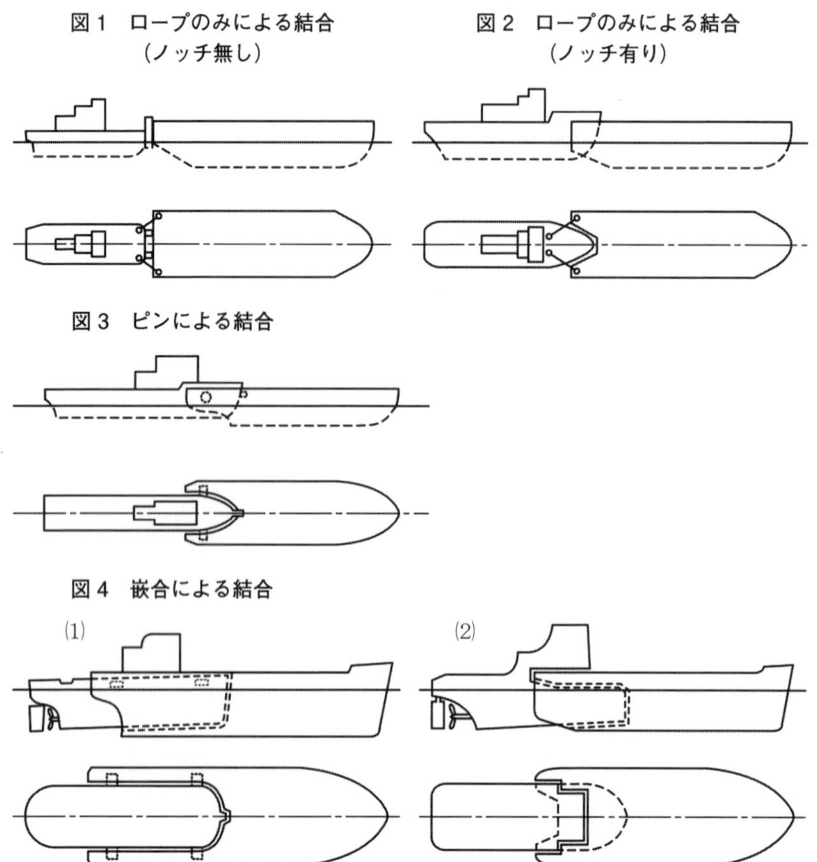

図１　ロープのみによる結合（ノッチ無し）

図２　ロープのみによる結合（ノッチ有り）

図３　ピンによる結合

図４　嵌合による結合

⑵　ロープのみによる結合方法を採用している船舶のうちノッチを有するものは，一般的には，⑴と同様であるが，左右の運動を伴わないものについては，これらを１隻の動力船とみなすこととする。

⑶　ピンによる結合方法を採用している船舶については，一般的には，これらを１隻の動力船とみなすこととする。

ただし，左右の運動を伴うものについては，この限りでない。

⑷　嵌合による結合方法を採用している船舶は，結合部の相対運動を伴わないため，これらを１隻の動力船とみなすこととする。

（航行中の帆船等）

第25条　航行中の帆船（前条第 4 項若しくは第 7 項，次条第 1 項若しくは第 2 項又は第 27 条第 1 項，第 2 項若しくは第 4 項の規定の適用があるものを除く。以下この条において同じ。）であつて，長さ 7 メートル以上のものは，げん灯 1 対（長さ 20 メートル未満の帆船にあつては，げん灯 1 対又は両色灯 1 個。以下この条において同じ。）を表示し，かつ，できる限り船尾近くに船尾灯 1 個を表示しなければならない。

2　航行中の長さ 7 メートル未満の帆船は，できる限り，げん灯 1 対を表示し，かつ，できる限り船尾近くに船尾灯 1 個を表示しなければならない。ただし，これらの灯火又は次項に規定する三色灯を表示しない場合は，白色の携帯電灯又は点火した白灯を直ちに使用することができるように備えておき，他の船舶との衝突を防ぐために十分な時間これを表示しなければならない。

3　航行中の長さ 20 メートル未満の帆船は，げん灯 1 対及び船尾灯 1 個の表示に代えて，三色灯（紅色，緑色及び白色の部分からなる灯火であつて，紅色及び緑色の部分にあつてはそれぞれげん灯の紅灯及び緑灯と，白色の部分にあつては船尾灯と同一の特性を有することとなるように船舶の中心線上に装置されるものをいう。）1 個をマストの最上部又はその付近の最も見えやすい場所に表示することができる。

4　航行中の帆船は，げん灯 1 対及び船尾灯 1 個のほか，マストの最上部又はその付近の最も見えやすい場所に，紅色の全周灯 1 個を表示し，かつ，その垂直線上の下方に緑色の全周灯 1 個を表示することができる。

ただし，これらの灯火を前項の規定による三色灯と同時に表示してはならない。

5　ろかいを用いている航行中の船舶は，前各項の規定による帆船の灯火を表示することができる。ただし，これらの灯火を表示しない場合は，白色の携帯電灯又は点火した白灯を直ちに使用することができるように備えておき，他の船舶との衝突を防ぐために十分な時間これを表示しなければならない。

6　機関及び帆を同時に用いて推進している動力船（次条第1項若しくは第2項又は第27条第1項から第4項までの規定の適用があるものを除く。）は，前部の最も見えやすい場所に円すい形の形象物 1 個を頂点を下にして表示しなければならない。

〔概要〕　本条は，航行中の帆船，ろかいを用いて航行中の船舶並びに機関及び帆を同時に用いて推進している動力船が表示する灯火又は形象物について定めた規定である。

解説　**1．航行中の帆船の灯火**（第1項〜第4項）

航行中の帆船は，次の図のとおり，灯火を表示しなければならない。

ただし，航行中の帆船であっても，他の動力船に引かれている場合（第24条第4項），他の動力船に押されている場合（第24条第7項），他の動力船に接げんして引かれている場合（第24条第7項），漁ろうに従事している場合（第26条），工事・作業に従事している場合（第27条第2項〜第4項）及び故障している場合（第27条第1項）に，他の条項の規定により特別の灯火又は形象物を表示するときは，本条の規定は適用されない（第1項括弧書）。

⑴　**長さ7メートル以上の航行中の帆船**（第1項）

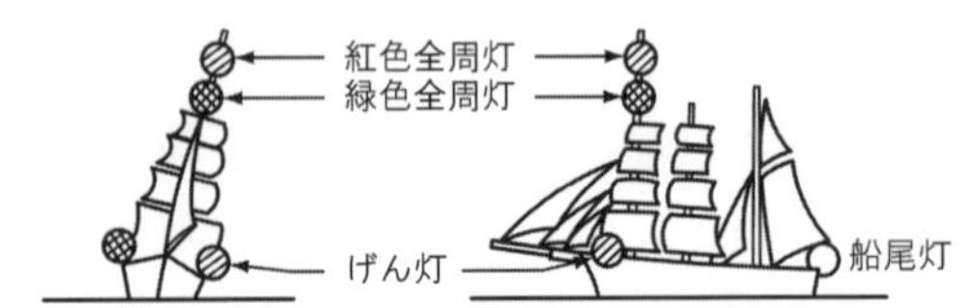

○マスト頂部の黄色，緑色全周灯は表示しなくてもよい。

(図 25−1)

⑵　**長さ7メートル未満の航行中の帆船**（第2項）

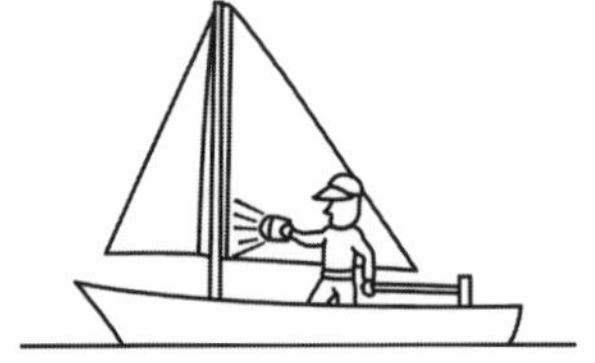

○できる限りげん灯 1 対及び船尾灯又は三色灯を表示しなければならない。

(図 25−2)

図 25−2 のように長さ 7 メートル未満の航行中の帆船の灯火について表示義務を緩和したのは，そのような小型の帆船がその船体の大きさ，構造等のために，大型の帆船と同様にげん灯及び船尾灯を表示することが困難であるということによる。

⑶　**長さ20メートル未満の航行中の帆船**（第 3 項）

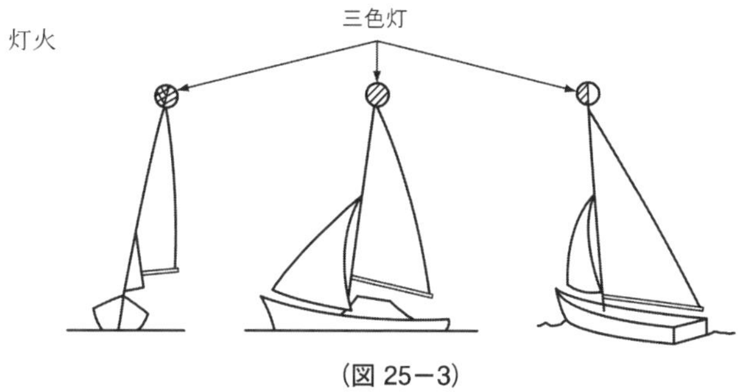

(図 25−3)

第 3 項は，航行中の長さ 20 メートル未満の帆船に対してげん灯及び船尾灯の表示に代えて三色灯* の表示でもよいこととする規定である。

---

* 三色灯とは，げん灯と船尾灯を一つに結合した灯火であり，げん灯及び船尾灯に代えて表示が認められる簡易灯火である。

〔三色灯〕

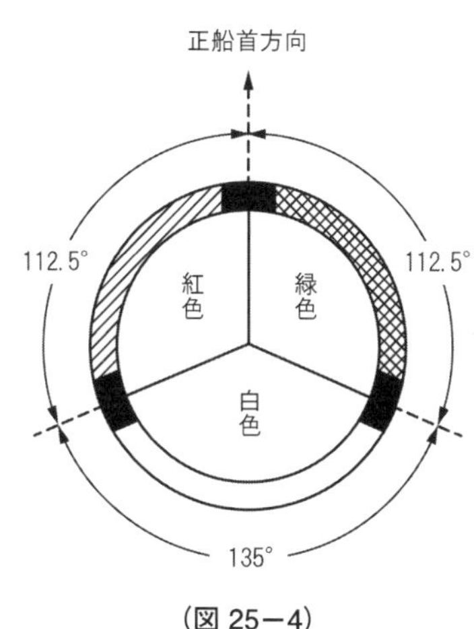

(図 25−4)

⑷ 航行中の帆船の追加灯火（第4項）

航行中の帆船は，げん灯（両色灯）や船尾灯のほか，紅色及び緑色の全周灯を表示することができることとなっている。ただし，三色灯を表示している場合にはこれを表示してはならない。

三色灯との同時表示の禁止をしているのは，これらの灯火はいずれもマストの最上部又はその付近に表示することとしているため，げん灯の機能を果たす紅色及び緑色の射光（見える範囲が限られている。）と紅色・緑色の全周灯の射光（見える範囲は限られていない。）との区別が困難となり，その帆船の進行方向が判断できなくなるためである。

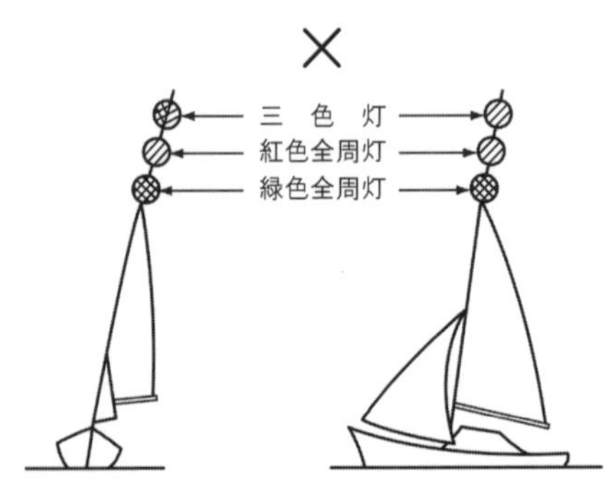

○全周灯と三色灯を同時に表示してはならない。

（図 25－5）

2．ろかいを用いている航行中の船舶の灯火（第5項）

ろかいを用いている航行中の船舶は，1.で説明した帆船の灯火を表示することができる。ただし，これらの灯火を表示しない場合は，図 25－6 の灯火を他の船舶との衝突を防ぐために十分な時間表示しなければならない。

（図 25－6）

3．機関及び帆を同時に用いて推進している動力船の形象物（第6項）

機関及び帆を同時に用いて推進している船舶は，この法律の適用上動力船として扱われている（第3条第2項）。ところが一般の動力船及び帆船は昼間形象物を表示する義務がないので，このような船舶を昼間視認した場合は，帆が張られているため，外見上は，本法にいう「帆船」と認識される可能性が強い。従ってその船舶が「動力船」であるということを明らかにする必要があるので，このような船舶には，図 25−7 のとおり，円すい形の形象物を表示させることとしたものである。なお，夜間においてはこのような船舶は，当然動力船の灯火を表示することとなり，特に問題が生ずることはないので，特別な灯火を表示する必要はない。

（図 25−7）

（漁ろうに従事している船舶）

第26条　航行中又はびよう泊中の漁ろうに従事している船舶（次条第1項の規定の適用があるものを除く。以下この条において同じ。）であつて，トロール（けた網その他の漁具を水中で引くことにより行う漁法をいう。第4項において同じ。）により漁ろうをしているもの（以下この条において「トロール従事船」という。）は，次に定めるところにより，灯火又は形象物を表示しなければならない。

一　緑色の全周灯1個を掲げ，かつ，その垂直線上の下方に白色の全周灯1個を掲げること。

二　前号の緑色の全周灯よりも後方の高い位置にマスト灯1個を掲げること。ただし，長さ50メートル未満の漁ろうに従事している船舶は，これを掲げることを要しない。

三　対水速力を有する場合は，げん灯1対（長さ20メートル未満の漁ろうに従事している船舶にあつては，げん灯1対又は両色灯1個。次項第 2 号において同じ。）を掲げ，かつ，できる限り船尾近くに船尾灯 1 個を掲げること。

四　2 個の同形の円すいをこれらの頂点で垂直線上の上下に結合した形の形象物 1 個を掲げること。

2　トロール従事船以外の航行中又はびよう泊中の漁ろうに従事している船舶は，次に定めるところにより，灯火又は形象物を表示しなければならない。

一　紅色の全周灯 1 個を掲げ，かつ，その垂直線上の下方に白色の全周灯 1 個を掲げること。

二　対水速力を有する場合は，げん灯 1 対を掲げ，かつ，できる限り船尾近くに船尾灯 1 個を掲げること。

三　漁具を水平距離 150 メートルを超えて船外に出している場合は，その漁具を出している方向に白色の全周灯 1 個又は頂点を上にした円すい形の形象物 1 個を掲げること。

四　2 個の同形の円すいをこれらの頂点で垂直線上の上下に結合した形の形象物 1 個を掲げること。

3　長さ 20 メートル以上のトロール従事船は，他の漁ろうに従事している船舶と著しく接近している場合は，第 1 項の規定による灯火のほか，次に定めるところにより，同項第 1 号の白色の全周灯よりも低い位置の最も見えやすい場所に灯火を表示しなければならない。この場合において，その灯火は，第 22 条の規定にかかわらず，1 海里以上 3 海里未満（長さ 50 メートル未満のトロール従事船にあつては，1 海里以上 2 海里未満）の視認距離を得るのに必要な国土交通省令で定める光度を有するものでなければならない。

一　投網を行つている場合は，白色の全周灯 2 個を垂直線上に掲げること。

二　揚網を行つている場合は，白色の全周灯 1 個を掲げ，かつ，その垂直線上の下方に紅色の全周灯 1 個を掲げること。

三　網が障害物に絡み付いている場合は，紅色の全周灯 2 個を垂直線上に掲げること。

4　長さ20メートル以上のトロール従事船であつて，二そうびきのトロールにより漁ろうをしているものは，他の漁ろうに従事している船舶と著しく接近している場合は，それぞれ，第1項及び前項の規定による灯火のほか，第20条第1項及び第2項の規定にかかわらず，夜間において対をなしている他方の船舶の進行方向を示すように探照灯を照射しなければならない。

5　長さ20メートル以上のトロール従事船以外の国土交通省令で定める漁ろうに従事している船舶は，他の漁ろうに従事している船舶と著しく接近している場合は，第1項又は第2項の規定による灯火のほか，国土交通省令で定めるところにより表示することができる。

〔概要〕　本条は，漁ろうに従事している船舶が航行中又はびょう泊中に表示する灯火又は形象物について定めた規定である。

解説　1．本条は，漁ろうに従事している船舶が表示する灯火又は形象物を，トロール従事船と，トロール従事船以外の漁ろうに従事している船舶に分けて定めている。

ここで，次の2点に注意を要する。

① 船舶が，第3条第4項に規定する「漁ろうに従事している船舶」に該当する場合は，当該船舶がびょう泊中であっても，本条に規定する灯火又は形象物のみを表示しなければならない（第30条に規定するびょう泊中の船舶の灯火を表示してはならない。）。

② 「漁ろうに従事している船舶」に該当しなくなったとき（例えば，漁ろう作業を終えて帰港するような場合）には，本条に規定する灯火又は形象物を表示してはならない（この場合には，動力船ならば第23条の灯火を，帆船ならば第25条の灯火を表示しなければならない。）。

ただし，漁ろうに従事している船舶であっても，機関や舵の故障により他の船舶の進路を避けることができなくなった場合（第27条第1項）には，当該船舶は，本条の灯火又は形象物ではなく，第27条第1項の運転不自由船が表示する灯火又は形象物を表示しなければならない（第1項括弧書）。

2．トロール従事船が表示する灯火・形象物は，図 26－1 のとおりである。（第 26 条第 1 項，施行規則第 12 条第 2 項参照）

(イ)　長さ 50 メートル以上

灯火　　　　　　　　形象物

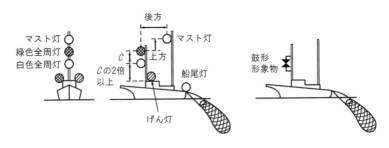

○げん灯，船尾灯は対水速力を有するときに表示しなければならない。

(ロ)　長さ 50 メートル未満

灯火　　　　　　　　形象物

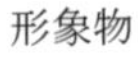

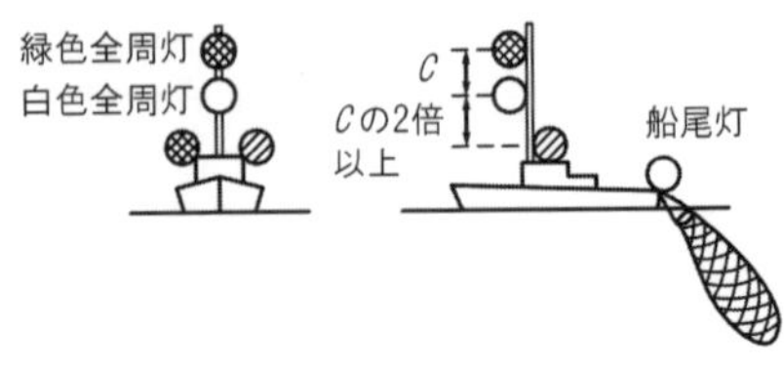

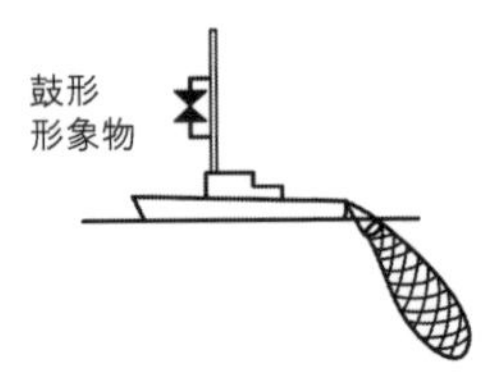

○げん灯，船尾灯は対水速力を有するときに表示しなければならない。

（図 26－1）

3．トロール従事船以外の漁ろうに従事している船舶が表示する灯火・形象物は，次の図 26－2 ～図 26－5 のとおりである。（第 26 条第 2 項，施行規則第 12 条第 2 項，第 15 条第 1 項参照）

(1)　船外に出している漁具の水平距離が 150 メートルを超える場合

(イ)　航行中

灯火　　　　　　　　　　　　形象物

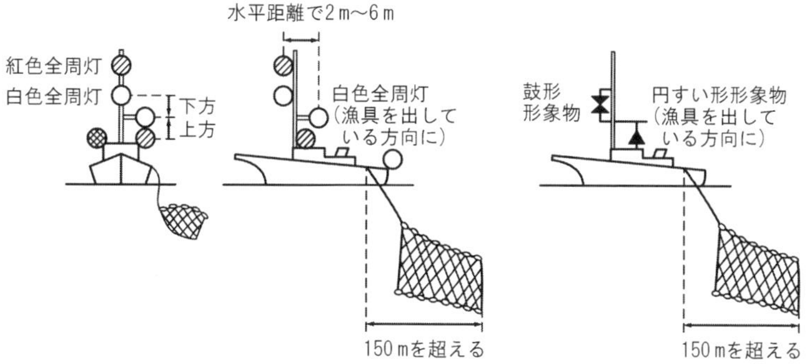

水平距離で２ｍ～６ｍ
紅色全周灯
白色全周灯
下方
上方
白色全周灯
（漁具を出して
いる方向に）
150ｍを超える
鼓形
形象物
円すい形形象物
（漁具を出して
いる方向に）
150ｍを超える

○げん灯，船尾灯は対水速力を有するときに表示しなければならない。

(図 26－2)

(ロ)　びょう泊中

灯火

水平距離で２ｍ～６ｍ
紅色全周灯
白色全周灯
下方
紅色全周灯
白色全周灯
白色全周灯
（漁具を出している方向に）
150ｍを超える

形象物

鼓形形象物
円すい形形象物
（漁具を出している方向に）
150ｍを超える

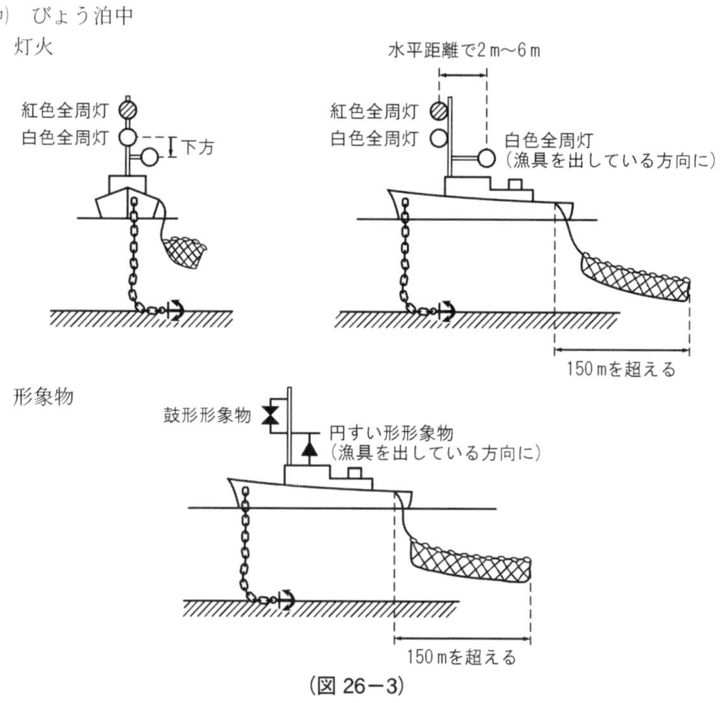

(図 26－3)

⑵ 船外に出している漁具の水平距離が150メートル以下の場合

(イ) 航行中

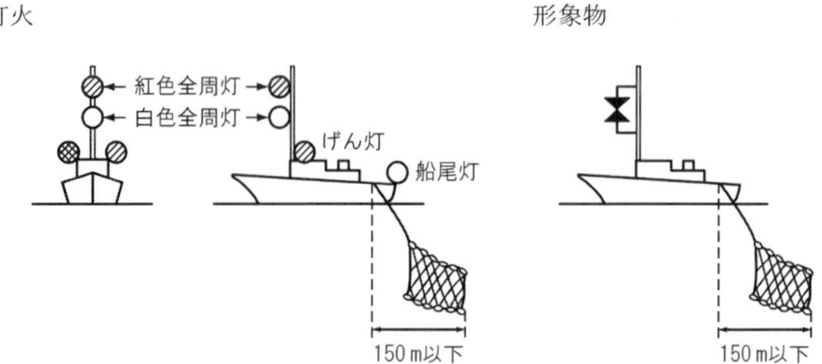

○げん灯，船尾灯は対水速力を有するときに表示しなければならない。

(図 26−4)

(ロ) びょう泊中

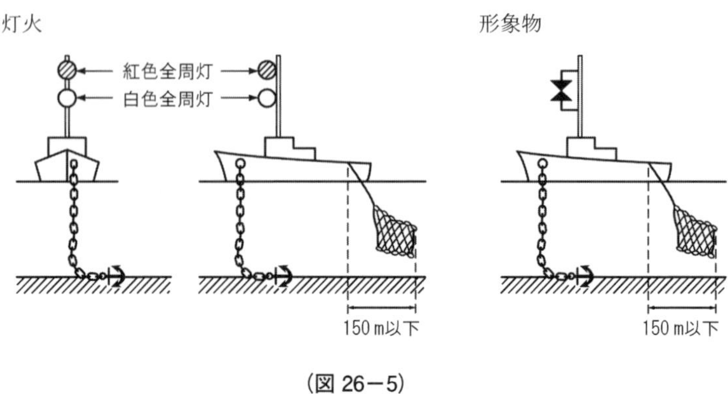

(図 26−5)

4．げん灯及び船尾灯の表示（法第26条第1項第3号及び第2項第2号参照）

げん灯及び船尾灯の表示は，船舶の存在を明らかにするためであることは無論であるが，主として船舶の進行方向を明らかにすることを目的としているものであることはいうまでもない。本条は，その作業そのものの性格から停留する可能性のある漁ろう船について対水速力のある場合にだけげん灯及び船尾灯の表示を義務づけることにより，その船舶の状態（対水速力があるかないか）を他の船舶が判断しやすいように配慮している（第27条の操縦性能制限船についても同様の考え方である。）。

５．漁具を水平距離150メートルを超えて船外に出している場合の追加灯火（法第26条第２項第３号）

トロール従事船以外の漁法により漁ろうに従事している船舶が，漁具を150メートルを超えて船外に出している場合には，他の船舶にその漁具の存在及び漁具を出している方向を知らせるため，白色の全周灯を紅色・白色の全周灯から水平距離２～６メートルの所（漁具を出している方向。図20－6参照）に表示しなければならない（昼間は頂点を上にした円すい形の形象物）。なお，トロール従事船については，他の漁法とは異なり，漁具を船尾方向に出すため，トロール中の漁船であることが確認できれば，相手船が漁具の存在を予測できるので，このような灯火又は形象物を表示させる必要はない。

６．他の漁ろうに従事している船舶と著しく接近した場合の追加灯火（法第26条第３項，第４項）

漁ろうに従事している船舶を一般船舶が避ける場合には，通常はある一定の距離を保って航行するため，その船舶がどのような漁具を出しているか，あるいは，どの方向にどの程度漁具を出しているかがわかれば，十分安全に衝突を避けるための動作をとることが可能である。ところが，漁ろうに従事している船舶どうしでは，操業場所如何ではやむを得ず接近して航行する場合も多いため，自船の操業状態をより詳細に相手船に伝える手段を確保しておく必要があるので，一定の追加灯火を表示しなければならない。

その灯火としては，次のようなものが定められている。

⑴　長さ20メートル以上のトロール従事船

㈠　トロールにより漁ろうに従事している船舶

①　投網中

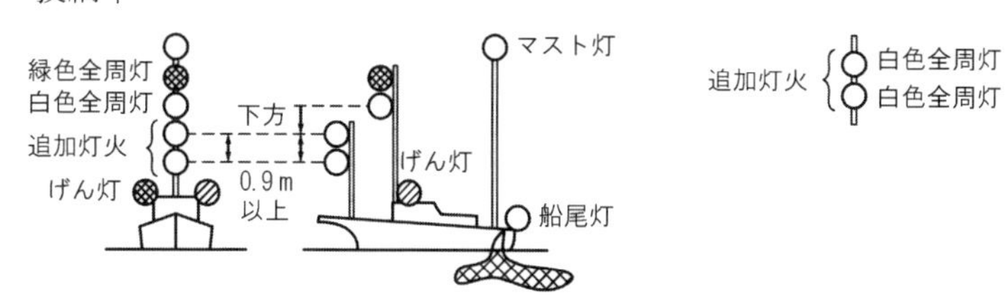

② 揚網中

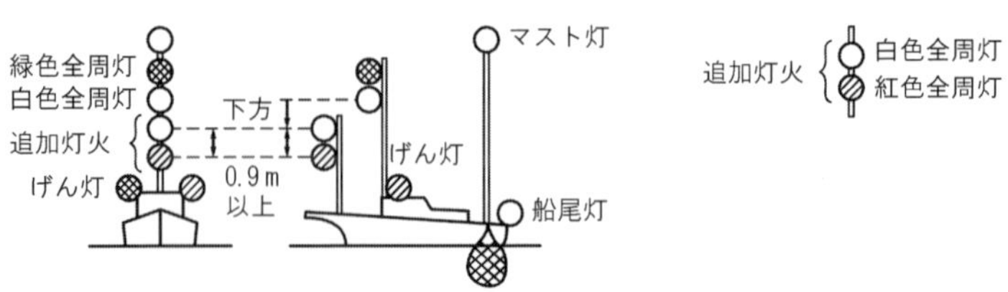

③ 網が障害物にからみついたとき

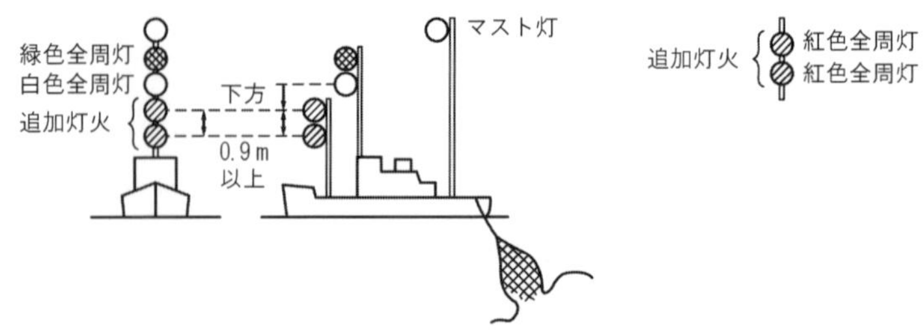

○追加灯火の視認距離は1海里以上3海里未満（長さ50m未満のトロール従事船にあっては，1海里以上2海里未満）

○長さ50m未満の船舶は，マスト灯を表示しなくてもよい。

○長さ20m未満のトロール従事船は，上記灯火を表示することが出来る。（法第20条第5項，施行規則第16条第1項）

（図26−6）

(ロ) 長さ20m以上のトロール従事船であって二そう引きのトロールにより漁ろうに従事している船舶

① 投網中，揚網中，網が障害物にからみついたときは，(イ)の追加灯火

② 対になっている相手船の進路の前方を照らす探照灯の照射による追加灯火①と②は同時に行ってもよい。

○長さ50m未満の船舶は，マスト灯を表示しなくてもよい。

○長さ20m未満のトロール従事船であって二そう引きのトロールにより漁ろうに従事している船舶は上記探照灯の照射による追加灯火を行うことが出来る。（法第26条第5項，施行規則第16条第3項）

揚網中

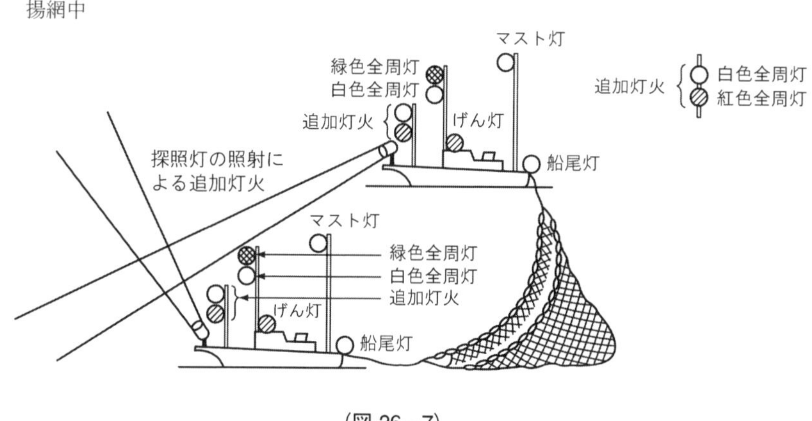

(図 26−7)

7. きんちゃく網を用いて漁ろうに従事している船舶

図26−8の灯火を表示することが出来る。(法第26条第5項, 施行規則第16条第1項)

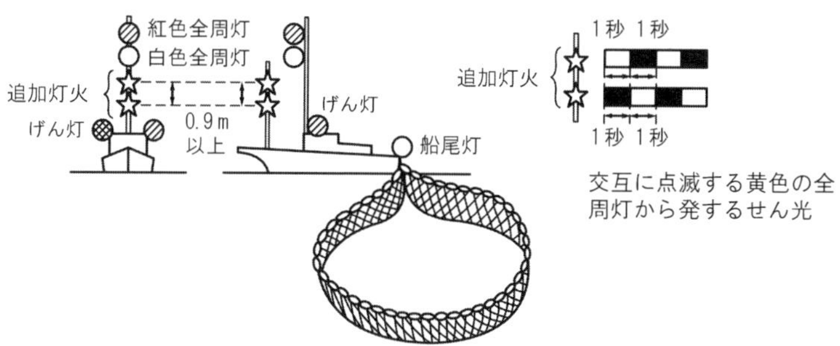

○追加灯火の視認距離は1海里以上3海里（長さ50m未満の船舶にあっては2海里）未満

(図 26−8)

■（運転不自由船及び操縦性能制限船）

第27条　航行中の運転不自由船（第24条第4項又は第7項の規定の適用があるものを除く。以下この項において同じ。）は，次に定めるところにより，灯火又は形象物を表示しなければならない。ただし，航行中の長さ 12 メートル未満の運転不自由船は，その灯火又は形象物を表示することを要しない。

一　最も見えやすい場所に紅色の全周灯 2 個を垂直線上に掲げること。

二　対水速力を有する場合は，げん灯 1 対（長さ 20 メートル未満の運転不自由船にあつては，げん灯 1 対又は両色灯 1 個）を掲げ，かつ，できる限り船尾近くに船尾灯 1 個を掲げること。

三　最も見えやすい場所に球形の形象物 2 個又はこれに類似した形象物 2 個を垂直線上に掲げること。

2　航行中又はびよう泊中の操縦性能制限船（前項，次項，第 4 項又は第 6 項の規定の適用があるものを除く。以下この項において同じ。）は，次に定めるところにより，灯火又は形象物を表示しなければならない。

一　最も見えやすい場所に白色の全周灯 1 個を掲げ，かつ，その垂直線上の上方及び下方にそれぞれ紅色の全周灯 1 個を掲げること。

二　対水速力を有する場合は，マスト灯 2 個（長さ 50 メートル未満の操縦性能制限船にあつては，マスト灯 1 個。第 4 項第二号において同じ。）及びげん灯 1 対（長さ 20 メートル未満の操縦性能制限船にあつては，げん灯 1 対又は両色灯 1 個。同号において同じ。）を掲げ，かつ，できる限り船尾近くに船尾灯 1 個を掲げること。

三　最も見えやすい場所にひし形の形象物 1 個を掲げ，かつ，その垂直線上の上方及び下方にそれぞれ球形の形象物 1 個を掲げること。

四　びよう泊中においては，最も見えやすい場所に第 30 条第 1 項各号の規定による灯火又は形象物を掲げること。

3　航行中の操縦性能制限船であつて，第 3 条第 7 項第六号に規定するえい航作業に従事しているもの（第 1 項の規定の適用があるものを除く。）は，第 24 条第 1 項各号並びに前項第一号及び第三号の規定による灯火又は形象物を表示しなければならない。

4　航行中又はびよう泊中の操縦性能制限船であつて，しゆんせつその他の水中作業（掃海作業を除く。）に従事しているもの（第 1 項の規定の適用があるものを除く。）は，その作業が他の船舶の通航の妨害となるおそれがある場合は，次の各号に定めるところにより，灯火又は形象物を表示しなければならない。

一　最も見えやすい場所に白色の全周灯 1 個を掲げ，かつ，その垂直線上の上方及び下方にそれぞれ紅色の全周灯 1 個を掲げること。

二　対水速力を有する場合は，マスト灯 2 個及びげん灯 1 対を掲げ，かつ，できる限り船尾近くに船尾灯 1 個を掲げること。

三　その作業が他の船舶の通航の妨害となるおそれがある側のげんを示す紅色の全周灯 2 個又は球形の形象物 2 個をそのげんの側に垂直線上に掲げること。

四　他の船舶が通航することができる側のげんを示す緑色の全周灯 2 個又はひし形の形象物 2 個をそのげんの側に垂直線上に掲げること。

五　最も見えやすい場所にひし形の形象物 1 個を掲げ，かつ，その垂直線上の上方及び下方にそれぞれ球形の形象物 1 個を掲げること。

5　前項に規定する操縦性能制限船であつて，潜水夫による作業に従事しているものは，その船体の大きさのために同項第二号から第五号までの規定による灯火又は形象物を表示することができない場合は，次に定めるところにより，灯火又は信号板を表示することをもつて足りる。

一　最も見えやすい場所に白色の全周灯 1 個を掲げ，かつ，その垂直線上の上方及び下方にそれぞれ紅色の全周灯 1 個を掲げること。

二　国際海事機関が採択した国際信号書に定める A 旗を表す信号板を，げん縁上 1 メートル以上の高さの位置に周囲から見えるように掲げること。

6　航行中又はびよう泊中の操縦性能制限船であつて，掃海作業に従事しているものは，次に定めるところにより，灯火又は形象物を表示しなければならない。

一　当該船舶から 1,000 メートル以内の水域が危険であることを示す緑色の全周灯 3 個又は球形の形象物 3 個を掲げること。この場合において，これらの全周灯 3 個又は球形の形象物 3 個のうち，1 個は前部マストの最上部付近に掲げ，かつ，他の 2 個はその前部マストのヤードの両端に掲げること。

二 航行中においては，第 23 条第 1 項各号の規定による灯火を掲げること。

三 びよう泊中においては，最も見えやすい場所に第 30 条第 1 項各号の規定による灯火又は形象物を掲げること。

7 航行中又はびよう泊中の長さ 12 メートル未満の操縦性能制限船（潜水夫による作業に従事しているものを除く。）は，第 2 項から第 4 項まで及び前項の規定による灯火又は形象物を表示することを要しない。

〔概要〕 本条は，運転不自由船が航行中に表示する灯火又は形象物及び操縦性能制限船が航行中又はびょう泊中に表示する灯火又は形象物について定めた規定である。

解説 **1．運転不自由船の灯火又は形象物**（第 1 項）

第 1 項は，航行中の船舶が，故障その他の異常な事態が生じているため他の船舶の進路を避けることができない状態にある場合（運転不自由船）に適用される。

また，航行中の運転不自由船であっても，他の動力船に引かれて航行している場合（第 24 条第 4 項），他の動力船に押されて航行している場合（第 24 条第 7 項）又は他の動力船に接げんして引かれている場合（第 24 条第 7 項）には，本条の灯火・形象物ではなく，第 24 条第 4 項又は第 7 項の規定による灯火・形象物を表示しなければならない（第 1 項括弧書)。

運転不自由船が表示する灯火・形象物は，図 27－1 のとおりである。

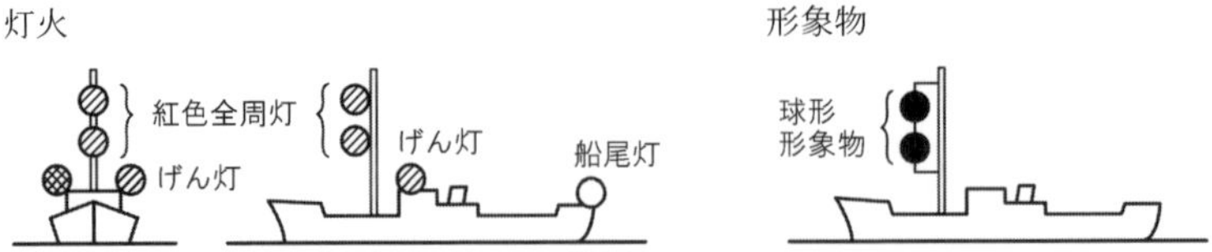

○げん灯，船尾灯は対水速力を有するときに表示しなければならない。
○長さ 12 m 未満の船舶は，その灯火又は形象物を表示しなくてもよい。
○球形形象物の代わりに，これに類似した形象物 2 個を表示してもよい。

(図 27－1)

なお，航行中の長さ 12 メートル未満の運転不自由船には，運転不自由船の灯火又は形象物の表示義務を免除している。これは長さ 12 メートル未満の船舶のような小型の運転不自由船にまで，それ以外の運転不自由船と同様の灯火又は形象物を表示させることが，その船体の大きさ，構造，電気設備等からみて困難であり，実態に沿わないために認められたものである。

２．操縦性能制限船の灯火又は形象物（第２項～第７項）

⑴　操縦性能制限船の表示すべき灯火・形象物は，その行っている作業の態様に応じて４通り定められている。

①　次の②，③，④以外の作業（第２項）

②　困難なえい航作業（第３項）

③　しゅんせつその他の水中作業（掃海作業を除く。）であって，その作業が他の船舶の通航の妨害となるおそれがあるもの（第４項，第５項）

④　掃海作業（第６項）

①　②，③，④以外の操縦性能制限船の灯火又は形象物（第２項）

②，③，④で説明する操縦性能制限船以外の操縦性能制限船は，航行中又はびょう泊中，次の図 27−2 のとおり灯火又は形象物を表示しなければならない。ただし，当該船舶であっても，故障している場合に，第 27 条第１項の規定により運転不自由船の灯火を表示するときは，第２項の規定は適用がない。また，②，③，④の船舶にも同様のことがいえる。

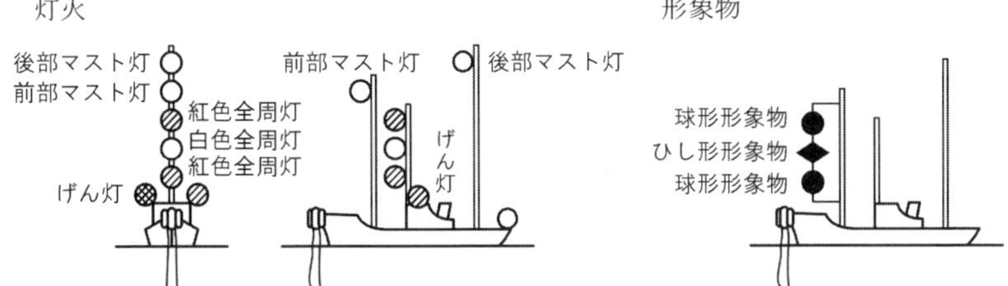

○マスト灯，げん灯，船尾灯は対水速力を有するときに表示しなければならない。
○長さ 50 m 未満の船舶は，後部のマスト灯は表示しなくてもよい。
○長さ 12 m 未満の船舶は，その灯火又は形象物を表示しなくてもよい。

（図 27−2）

①，③，④の作業に従事している操縦性能制限船は，びょう泊中であっても，びょう泊中の船舶の灯火（第30条）ではなく，本条の灯火を表示しなければならない。これは，航路標識，海底電線又は海底パイプラインの敷設，保守又は引揚げの作業等に従事していることを，びょう泊中であっても，その作業を継続している間は，他の船舶に知らしめる必要があるためである。

② 困難なえい航作業に従事している操縦性能制限船の灯火又は形象物（第3項）

引き船とその船舶に引かれている船舶その他の物件が，その進路を離れることを著しく制限するえい航作業に従事している船舶は，航行中図27−3のとおり灯火又は形象物を表示しなければならない。

この場合において，引かれている船舶や物件は，第24条第4項に規定する灯火又は形象物を表示しなければならないことはいうまでもない。

⑴ えい航物件の後端までの距離が200 mを超える場合

灯火

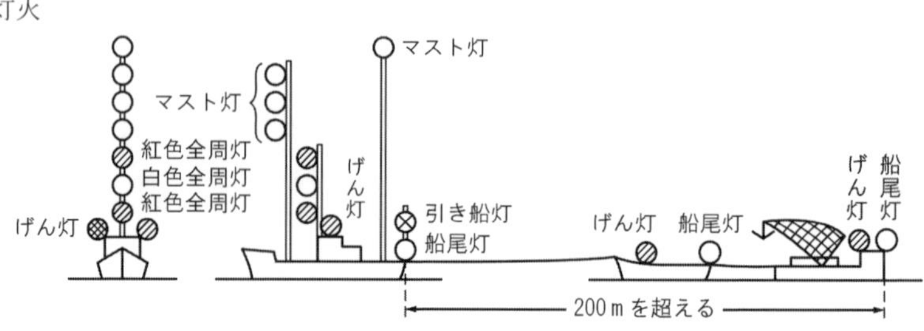

○長さ50 m未満の船舶は，後部のマスト灯は表示しなくてもよい。
○マスト灯は，前部に1個，後部に3個を表示してもよい。

形象物

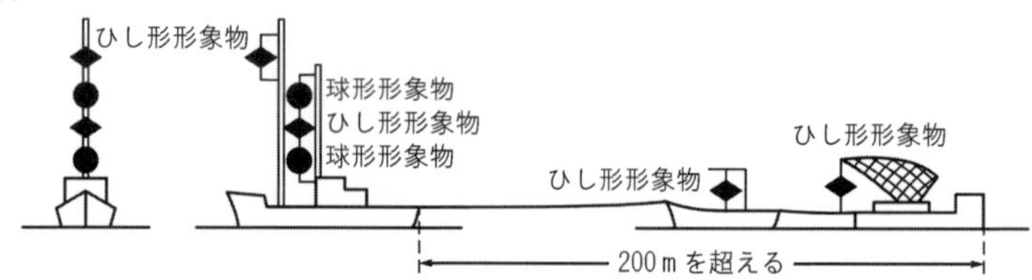

(ロ)　えい航物件の後端までの距離が 200 m 以下の場合

灯火

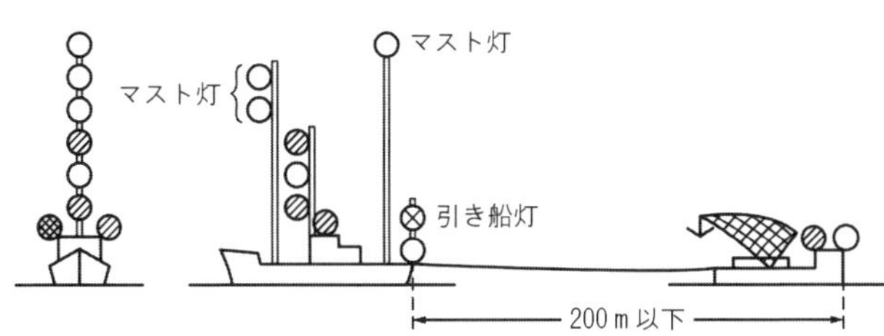

○長さ 50 m 未満の船舶は，後部のマスト灯は表示しなくてもよい。
○マスト灯は，前部に 1 個，後部に 2 個を表示してもよい。

形象物

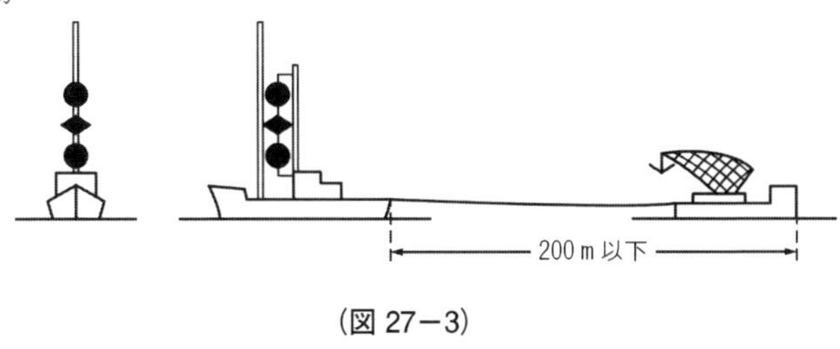

（図 27－3）

③　他の船舶の通航の妨害となるおそれがある水中作業に従事している操縦性能制限船の灯火又は形象物（第 4 項，第 5 項）

しゅんせつその他の水中作業（掃海作業を除く。）に従事している操縦性能制限船は，航行中であってもびょう泊中であっても，その作業が他の船舶の通航の妨害となるおそれがある場合には，図 27－4 のとおり，図 27－2 の灯火又は形象物のほか，通航の妨害となるおそれがある側又は他の船舶が通過することができる側のげんを示す灯火又は形象物を表示しなければならない（図 20－4 参照）。なお，他の船舶の通航の妨害となるおそれが両方のげん側にある場合には，通航の妨害となるおそれがある側のげんを示す灯火又は形象物を両方のげん側に表示しなければならない。

「その他の水中作業」とは，具体的には，沈没した船舶の引揚げ作業，海洋資源の掘削作業，潜水作業等をいう。

灯火

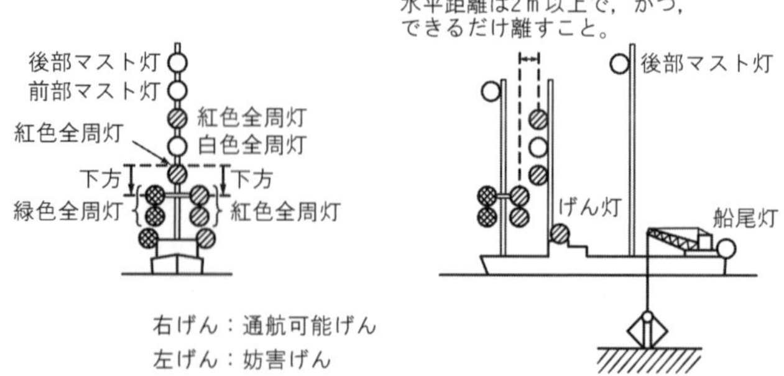

○マスト灯，げん灯，船尾灯は対水速力を有するときに表示しなければならない。
○長さ 50 m 未満の船舶は，後部のマスト灯は表示しなくてもよい。

形象物

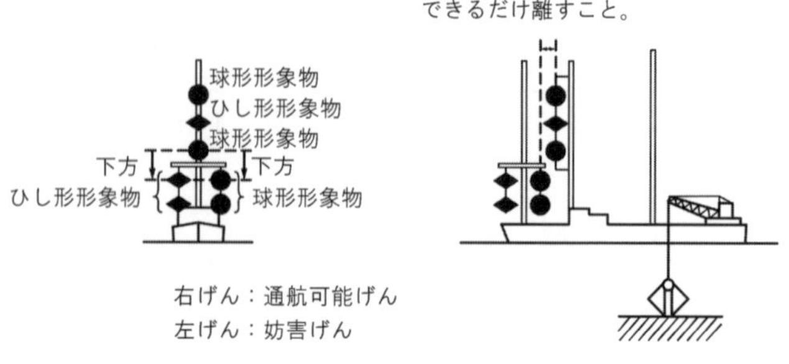

(図 27−4)

「その作業が他の船舶の通航の妨害となるおそれがある」とは，船舶がしゅんせつ等の水中作業を実施するため，バケット，サクションパイプ，送泥管等を船外に出し，その船舶の周囲を航行している船舶の安全な通航を阻害する可能性のある状態をいう。

次に，潜水夫による作業に従事している操縦性能制限船は，当該船舶の船体の大きさのため，第 4 項第二号から第五号までの規定による灯火又は形象物を表示できない場合には，それらの灯火又は形象物の代わりに，図 27−5 のとおり，灯火又は信号板を表示することができることと

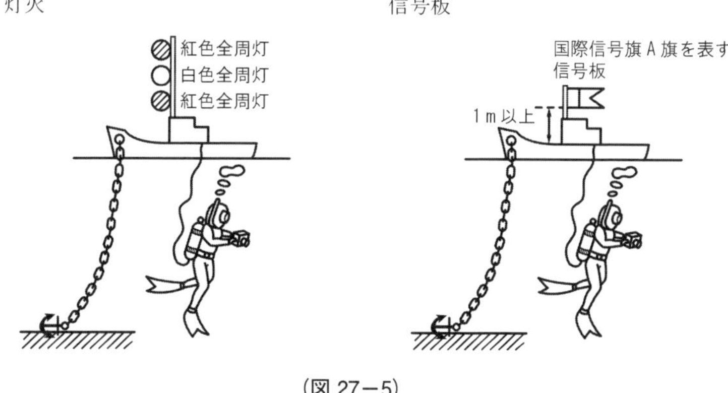

(図 27－5)

している。この場合，信号板は，国際海事機関が採択した国際信号書*に定める A 旗を表すものであり，げん縁上 1 メートル以上の高さの位置に周囲から見えるように表示しなければならない。

これらの船舶が，舵故障等により他の船舶の進路を避けることができなくなった場合には，②の船舶の場合と同様，運転不自由船が表示する灯火又は形象物を表示しなければならない。

* 国際海事機関が採択した国際信号書は，航海及び人命の安全に関する各種の状態が生じた場合において，特に言語上の障害があるときにおける信号の方法と手段を定めたものであるが，その中には，旗旒信号即ち旗を用いて行う信号も定められている。本法では，旗を用いずに「A 旗を表す信号板」としたのは，旗の場合は，風がないときはこれが垂れ下がって視認が困難になるため，A 旗と同じ形状及び塗色の板状のものを表示させる必要があることによる。

④　掃海作業に従事している操縦性能制限船の灯火又は形象物（第 6 項）

航行中又はびょう泊中の掃海作業に従事している操縦性能制限船は，図 27－6 のとおり，当該船舶から 1,000 メートル以内の水域が危険であることを示す灯火又は形象物のほか，航行中においては第 23 条第 1 項各号の規定による灯火（一般動力船が航行中に表示する灯火），びょう泊中においては第 30 条第 1 項各号の規定による灯火又は形象物（一般びょう泊船の灯火又は形象物）を表示しなければならない。

(イ)　航行中

灯火　　　　　　　　　　　　　　　　形象物

緑色
全周灯

球形
形象物

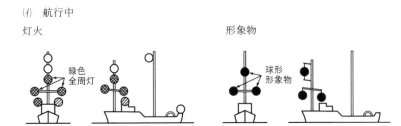

○長さ 50 m 未満の船舶は，後部のマスト灯は掲げなくてもよい。

(ロ)　びょう泊中

灯火　　　　　　　　　　　　　　　　形象物

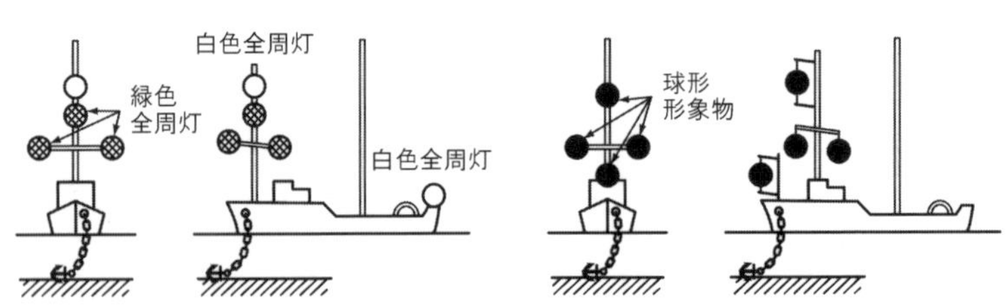

○長さ 50 m 未満の船舶は，前・後部の白色全周灯に代えて白色全周灯 1 個を表示してもよい。

(図 27－6)

航行中に行う掃海作業は，通常船舶の後方に展張した音響及び磁気掃海具をえい航し，この掃海具に機雷を感応させ爆発させるという方法により行い，びょう泊中に行う掃海作業は，敷設された個々の機雷の位置を確認した上で，処分用爆雷等により機雷を爆破処分するか，又は潜水夫により作動不能にするという方法により行う。

通常機雷が爆発した場合，機雷の位置から 500 メートル離れていれば安全であると考えられるため，図 27－7 のように掃海作業に従事している船舶から1,000メートル以内の水域が他の船舶の航行にとって危険な水域となる。

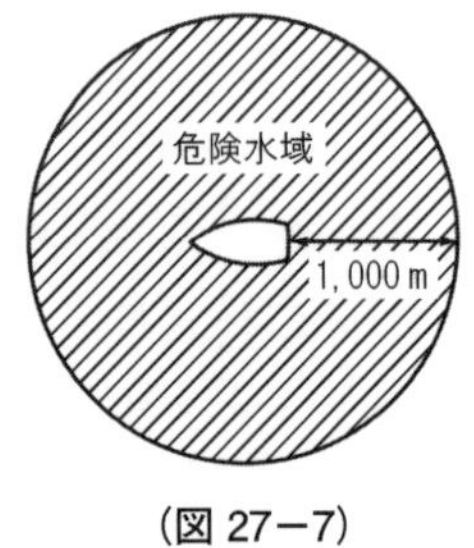

(図 27－7)

⑵　航行中又はびょう泊中の長さ12メートル未満の操縦性能制限船は，本条の灯火又は形象物の表示義務を免除されている（第7項）が，その理由は運転不自由船の場合と同じである。もっとも，この場合に当該船舶が無灯火の状態でよいということを認めたものでないことはいうまでもない。

3．海上交通安全法上の工事作業船の灯火又は形象物について

海上交通安全法上の航路又はその周辺の海域において，本条で規定しているような作業（**2.**⑴②の作業を除く。）を行う場合には，海上保安庁の許可（第40条第1項）が必要であり，この許可がなされるときに船舶交通と工事作業の間の調整が図られることになっている。

従って，許可を受けた工事作業船は，本条の灯火又は形象物ではなく，海上交通安全法施行規則第2条第2項の緑色の二連掲の全周灯又はひし形（白色）・球形（紅色）・球形（紅色）の形象物を表示しなければならない。

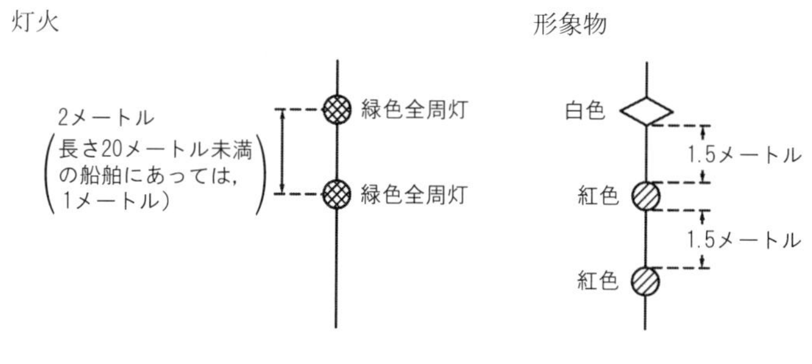

（図27−8）

■（喫水制限船）

第28条　航行中の喫水制限船（第23条第1項の規定の適用があるものに限る。）は，同項各号の規定による灯火のほか，最も見えやすい場所に紅色の全周灯3個又は円筒形の形象物1個を垂直線上に表示することができる。

〔概要〕　本条は，喫水制限船が航行中に表示することができる灯火又は形象物について定めた規定である。

解説　本法では，新たに喫水制限船という概念が導入され，これに該当する船舶は航法上の特別の保護（運転不自由船及び操縦性能制限船以外の船舶は，安全な通航を妨げてはならない。）が与えられることになった。このような保護を受けるのは，図 28−1 のとおり，第 23 条第 1 項の灯火のほか，船舶が喫水制限船であることを示す灯火又は形象物（紅色の全周灯 3 個又は円筒形の形象物 1 個）を表示している場合に限られる。この灯火又は形象物を表示するかどうかは，任意である。それは，喫水制限船が本法の他の種類の船舶と異なり，推進機関の有無，作業，道具等により一律の概念としてとらえられるものではなく，同一船舶でも，喫水と水深の関係により，これに該当したり，しなかったりする相対的概念であるため，喫水制限船であるかどうかは船長の判断に委されているからである。

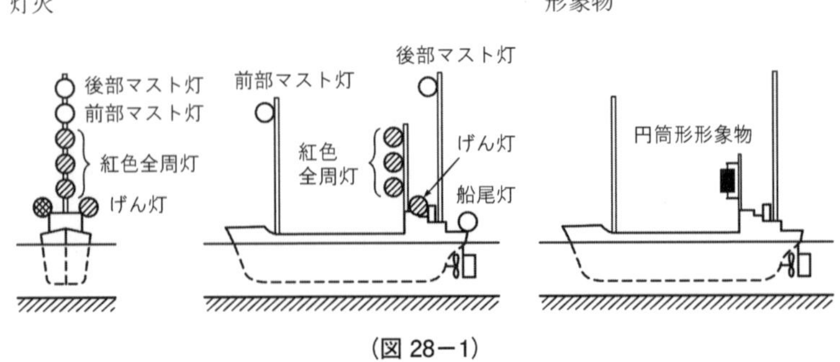

（図 28−1）

■（水先船）

第29条　航行中又はびよう泊中の水先船であつて，水先業務に従事しているものは，次に定めるところにより，灯火又は形象物を表示しなければならない。

一　マストの最上部又はその付近に白色の全周灯 1 個を掲げ，かつ，その垂直線上の下方に紅色の全周灯 1 個を掲げること。

二　航行中においては，げん灯 1 対（長さ 20 メートル未満の水先船にあつては，げん灯 1 対又は両色灯 1 個）を掲げ，かつ，できる限り船尾近くに船尾灯 1 個を掲げること。

三　びよう泊中においては，最も見えやすい場所に次条第1項各号の規定による灯火又は形象物を掲げること。

〔**概要**〕　本条は，水先業務に従事している水先船が表示する灯火又は形象物について定めた規定である。

解説　1．水先業務に従事している水先船は，水先人の乗下船を行うため目的の船舶に著しく接近する等他の船舶とは著しく異なった動作をとる場合があるので，その船舶が水先船であることを他の船舶に知らせることにより，他の船舶が適切な動作をとることができるようにしておく必要があるため，特別の灯火又は形象物を表示させることとしている。

航行中の水先船であって，水先業務に従事しているものは，図 29－1 のとおり，灯火を表示しなければならない。

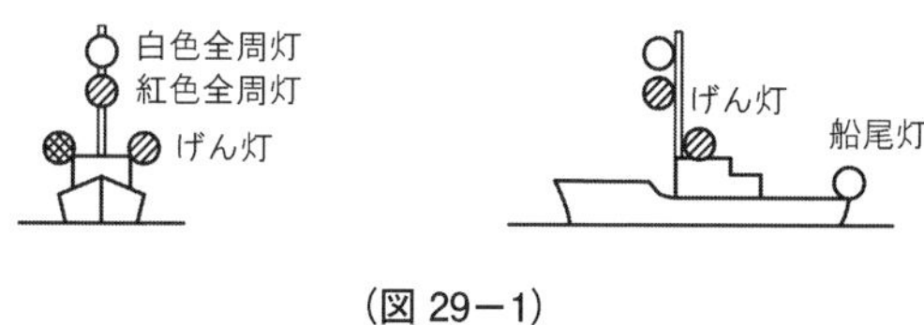

（図 29－1）

2．「水先業務に従事している」とは，具体的には，水先船が水先人を目的の船舶に乗下船させる間のみならず，目的の船舶を待ち受け又は水先人を収容するため航行し，停留している場合などをさす。ただし，水先人を収容しおわって帰途にある水先船は，水先業務に従事している水先船には該当しないため，本条の適用はない。

■（びよう泊中の船舶及び乗り揚げている船舶）

第30条　びよう泊中の船舶（第 26 条第 1 項若しくは第 2 項，第 27 条第 2 項，第 4 項若しくは第 6 項又は前条の規定の適用があるものを除く。次項及び第 4 項において同じ。）は，次に定めるところにより，最も見えやすい場所に灯火又は形象物を表示しなければならない。

一　前部に白色の全周灯 1 個を掲げ，かつ，できる限り船尾近くにその全周灯よりも低い位置に白色の全周灯 1 個を掲げること。ただし，長さ 50 メートル未満の船舶は，これらの灯火に代えて，白色の全周灯 1 個を掲げることができる。

二 前部に球形の形象物 1 個を掲げること。

2 びよう泊中の船舶は，作業灯又はこれに類似した灯火を使用してその甲板を照明しなければならない。ただし，長さ 100 メートル未満の船舶は，その甲板を照明することを要しない。

3 乗り揚げている船舶は，次に定めるところにより，最も見えやすい場所に灯火又は形象物を表示しなければならない。

一 前部に白色の全周灯 1 個を掲げ，かつ，できる限り船尾近くにその全周灯よりも低い位置に白色の全周灯 1 個を掲げること。ただし，長さ 50 メートル未満の船舶は，これらの灯火に代えて，白色の全周灯 1 個を掲げることができる。

二 紅色の全周灯 2 個を垂直線上に掲げること。

三 球形の形象物 3 個を垂直線上に掲げること。

4 長さ 7 メートル未満のびよう泊中の船舶は，そのびよう泊をしている水域が，狭い水道等，びよう地若しくはこれらの付近又は他の船舶が通常航行する水域である場合を除き，第 1 項の規定による灯火又は形象物を表示することを要しない。

5 長さ 12 メートル未満の乗り揚げている船舶は，第 3 項第二号又は第三号の規定による灯火又は形象物を表示することを要しない。

〔概要〕 本条は，びょう泊中の船舶及び乗り揚げている船舶が表示する灯火又は形象物について定めた規定である。

解説 **1．びょう泊中の船舶の灯火又は形象物**（第 1 項，第 2 項）

びょう泊中の船舶は，図 30−1 のとおり，灯火又は形象物を表示しなければならない。

更に，近年においては，船舶の大型化が顕著であるため，従来のように，白灯 2 個の表示だけでは，その船舶の大きさを的確に把握できない場合が生じてきたため，長さ 100 メートル以上の船舶には，作業灯又はこれに類似した灯火を使用してその甲板を照明させることにより，他の船舶にその船舶が

(イ)　長さ 50 m 以上の船舶

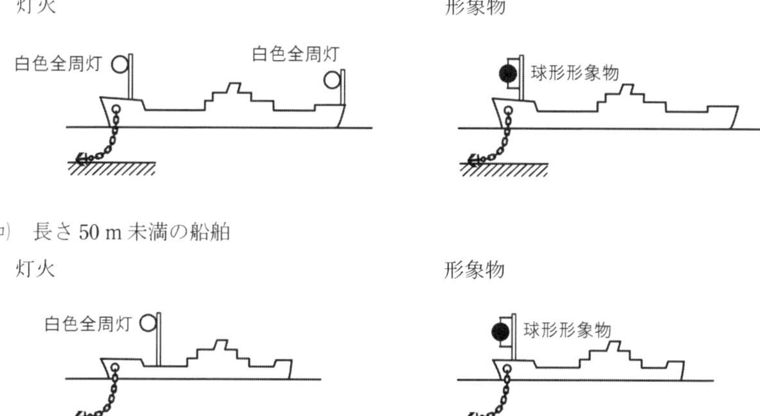

（図 30－1）

どの程度の大きさかを知らせ，他の船舶が適切な動作をとることができるようにしている。

ただし，びょう泊中の船舶であっても，漁ろうに従事している場合（第 26 条），工事・作業に従事している場合（第 27 条第 2 項，第 4 項，第 6 項）及び水先業務に従事している場合（第 29 条）には他の条項の規定による灯火又は形象物を表示しなければならず，本条は適用されない。

2．乗り揚げている船舶の灯火又は形象物（第 3 項）

乗り揚げている船舶は，図 30－2 のとおり，灯火又は形象物を表示しなければならない。

(イ)　長さ 50 m 以上の船舶

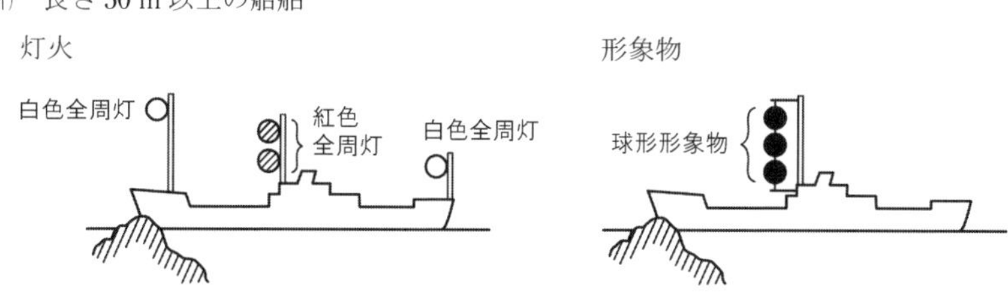

(ロ)　長さ50 m未満の船舶

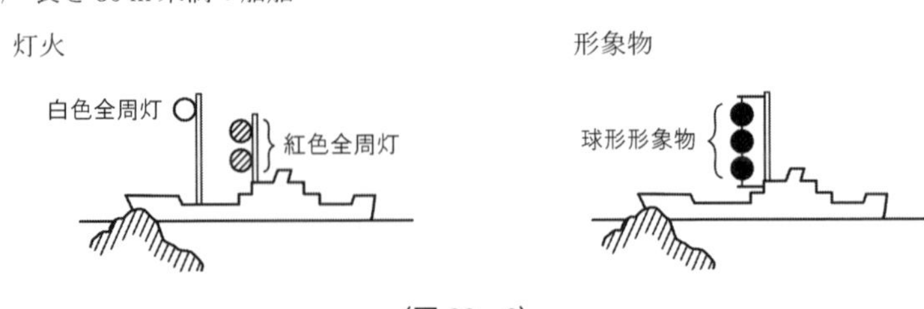

(図30－2)

3．長さ7メートル未満のびょう泊中の船舶の灯火又は形象物の表示義務の免除（第4項）

長さ7メートル未満の船舶は，狭い水道等，びょう地若しくはこれらの付近又は他の船舶が通常航行する水域でびょう泊している場合を除き，**2.**の灯火又は形象物の表示義務を免除することとした。

これは，プレジャーボートのような長さ7メートル未満の小型船舶に対して，一般船舶の航行しないような場所にびょう泊をする場合にもびょう泊灯の表示を義務づけることは，その船体の大きさ，構造等を勘案すれば不適当であると判断したものである（他の船舶が航行しない水域であるから安全上も特に支障はない。）。

4．長さ12メートル未満の乗り揚げている船舶の灯火（第5項）

長さ12メートル未満の乗り揚げている船舶は，灯火は白色全周灯1個のみを表示すればよく，形象物は表示しなくてもよいこととなっている。

■（水上航空機等）

第31条　水上航空機等は，この法律の規定による灯火又は形象物を表示することができない場合は，その特性又は位置についてできる限りこの法律の規定に準じてこれを表示しなければならない。

〔概要〕　本条は，水上航空機等の表示する灯火又は形象物に関する緩和措置を定めた規定である。

解説　本法においては，水上航空機も「船舶」として扱っているため，本来，水上航空機といえども，本法の灯火又は形象物に関する規定をそのまま遵守する必要があるが，本法はあくまでも，一般船舶をその対象として規定しているため，一般船舶とその構造を著しく異にしている水上航空機にそのまま適用することが困難である場合があるため，水上航空機について，緩和措置を認めることとしたものである。また，特殊高速船（表面効果翼船）についても，その構造が著しく一般船舶と異なることから，水上航空機と同様に，緩和措置を認めることとしたものである。(例えば，施行規則第9条第1項第一号の規定によれば，長さ20メートル以上の動力船は，マスト灯を船体上6メートル以上（船舶の最大の幅が6メートルを超える動力船にあっては，その幅以上）の高さの位置に表示しなければならないとされているが，このような高さの構造物を水上航空機等に設置することは困難であると考えられる。)。

なお，「できる限り，この法律の規定に準じて」とは，その構造上，本法の灯火又は形象物に関する規定に従えないとしても，できる限りこの法律の基準に近いものとすべきであるということである。

第4章　音響信号及び発光信号

（定　義）

第32条　この法律において「汽笛」とは，この法律に規定する短音及び長音を発することができる装置をいう。

2　この法律において「短音」とは，約1秒間継続する吹鳴をいう。

3　この法律において「長音」とは，4秒以上6秒以下の時間継続する吹鳴をいう。

〔概要〕　本条は，第4章で使用される「汽笛」，「短音」，「長音」について定義したものである。

解説　1．「汽笛」は，蒸気，圧搾空気等によって，短音及び長音を発することができる発音器の総称である。

2．本章で各種の信号を定めているのは，次の目的によるものである。

⑴　互いに他の船舶の視野の内にある場合には，信号を利用して意図を伝達しあう。

⑵　視界制限状態においては，信号を利用して船舶の存在，位置などを知らせあう。

（音響信号設備）

第33条　船舶は，汽笛及び号鐘（長さ100メートル以上の船舶にあつては，汽笛並びに号鐘及びこれと混同しない音調を有するどら）を備えなければならない。ただし，号鐘又はどらは，それぞれこれと同一の音響特性を有し，かつ，この法律の規定による信号を手動により行うことができる他の設備をもつて代えることができる。

2　長さ20メートル未満の船舶は，前項の号鐘（長さ12メートル未満の船舶にあつては，同項の汽笛及び号鐘）を備えることを要しない。ただし，これらを備えない場合は，有効な音響による信号を行うことができる他の手段を講じておかなければならない。
3 この法律に定めるもののほか，汽笛，号鐘及びどらの技術上の基準並びに汽笛の位置については，国土交通省令で定める。

〔概要〕 本条は，船舶が備えるべき音響信号設備を定めた規定である。

解説 1．船舶は，音響信号を行うために，汽笛，号鐘を備えなければならない。また，長さ 100 メートル以上の船舶は，その他に，号鐘と混同しない音調を有するどらを備えなければならない（第1項）。どらは，長さ100メートル以上の船舶がびょう泊又は乗り揚げている場合に，他の船舶が衝突しないように前部で号鐘，後部でどらを鳴らす場合に使用される（第35条第6項及び第9項参照）。

2．「号鐘又はどらと同一の音響特性を有し，かつ，この法律の規定による信号を手動により行うことができる他の設備」とは，諸外国では，いろいろな種類の音響信号設備が用いられていることを考慮して挿入された規定である。

これらのものが，手動により行うことができるものでなければならないとしたのは，電気式のものの場合には，電源が故障すると使用できないことがあるので，そのような場合でも常に信号を行うことができるようにするためである。

3．長さ 20 メートル未満の船舶が技術基準を完全に満たす号鐘を備えることや，長さ12メートル未満の船舶が技術基準を完全に満たす汽笛，号鐘を備えることは，その船体の大きさ，構造等からして困難な場合が多いので，これらを備えることを要しないものとしている。しかし，これらの船舶も音響信号を行う必要のある場合があるので，号鐘や汽笛に代わるものとして，有効な音響による信号を行うことができる他の手段を講じておかなければならない（第2項）。

「他の手段」としては，サイレン，笛，ドラム缶，金だらい等を備えおいて必要な場合にこれらにより音響信号を行うというような方法が考えられる。

4．汽笛，号鐘及びどらの技術基準は，施行規則によって次のように定められている。

⑴　**汽笛**（施行規則第 18 条）

汽笛の音の基本周波数及び音圧は，次の基準に適合しなければならない。

①　船舶の長さに応じた基準

船　　舶	基本周波数	音　　圧
長さ 200 メートル以上の船舶	70 ヘルツ以上 200 ヘルツ以下	143 デシベル以上
長さ 75 メートル以上 200 メートル未満の船舶	130 ヘルツ以上 350 ヘルツ以下	138 デシベル以上
長さ 20 メートル以上 75 メートル未満の船舶	250 ヘルツ以上 700 ヘルツ以下	130 デシベル以上
長さ 20 メートル未満の船舶	250 ヘルツ以上 700 ヘルツ以下	120 デシベル以上 （180 ヘルツ以上 450 ヘルツ以下）
		115 デシベル以上 （450 ヘルツ以上 800 ヘルツ以下）
		111 デシベル以上 （800 ヘルツ以上 2100 ヘルツ以下）

〔備考〕　音圧は，汽笛の音の最も強い方向であって汽笛からの距離が 1 メートルである位置において，180 ヘルツ以上 700 ヘルツ以下の範囲内に中心周波数を有する 3 分の 1 オクターブバンドのうちいずれか一により測定したものとする。ただし，長さ 20 メートル未満の船舶にあっては，表中括弧内に定める周波数の範囲内に中心周波数を有する 3 分の 1 オクターブバンドのうちいずれか一により測定したものとする。

②　指向性を有する汽笛は，水平方向において，①の音圧の測定に用いた 3 分の 1 オクターブバンドと同一のものにより測定した結果，次の各号に定める音圧を有するものでなければならない。

一　音の最も強い方向（以下「最強方向」という。）から左右にそれぞれ 45 度の範囲において，最強方向の音圧から 4 デシベルを減じた音圧

二　前号の範囲以外の範囲において，最強方向の音圧から 10 デシベルを減じた音圧

⑵　**号鐘**（施行規則第 20 条第 1 項）

①　1 メートル離れた位置における音圧が 110 デシベル以上であること。

②　耐食性を有する材料を用いて作られていること。

③　澄んだ音色を発するものであること。

④　号鐘の呼び径が 0.3 メートル以上であること。

⑤　号鐘の打子の重量が号鐘の重量の 3 パーセント以上であること。

⑥　動力式の号鐘の打子については，できる限り一定の強さで号鐘を打つことができるものであり，かつ，手動による操作が可能なものであること。

⑶　**どら**（施行規則第 20 条第 1 項）

⑵の①，②，③と同じ。

5．汽笛の位置は，施行規則第 19 条第 1 項によって次のように定められている。

①　できる限り高い位置にあること。

②　自船上の他船の汽笛を通常聴取する場所における音圧が 110 デシベル(A)を超えず，できる限り 100 デシベル(A)を超えないような位置にあること。

③　指向性を有する汽笛にあっては，それが船舶に設置されている唯一のものである場合は，正船首方向において，音圧が最大となるような位置にあること。

6．施行規則においては，この他，2 個以上の汽笛が設置されている場合及び複合汽笛装置について次のように規定している。

①　2 以上の汽笛がそれぞれ 100 メートルを超える間隔を置いて設置されている場合は，これらの汽笛は，同時に吹鳴を発しないものでなければならない（第 19 条第 2 項）。

②　船舶は，当該船舶に設置されている唯一の汽笛又は前項の汽笛のうちのいずれか一のものの音圧が，自船上の障害物により著しく減少する区域が生ずるおそれがある場合は，できる限り複合汽笛装置を備えなければならない（第 19 条第 3 項）。

③　前項の複合汽笛装置の汽笛は，それぞれの間隔が 100 メートル以下のものでなければならず，また，同時に吹鳴を発し，かつ，これらの周波数の差が 10 ヘルツ以上であるものでなければならない(第 19 条第 4 項)。

④　第 3 項の複合汽笛装置は，これを一の汽笛とみなす（第 19 条第 5 項）。

（操船信号及び警告信号）

第34条　航行中の動力船は，互いに他の船舶の視野の内にある場合において，この法律の規定によりその針路を転じ，又はその機関を後進にかけているときは，次の各号に定めるところにより，汽笛信号を行わなければならない。

一　針路を右に転じている場合は，短音を1回鳴らすこと。

二　針路を左に転じている場合は，短音を2回鳴らすこと。

三　機関を後進にかけている場合は，短音を3回鳴らすこと。

2　航行中の動力船は，前項の規定による汽笛信号を行わなければならない場合は，次の各号に定めるところにより，発光信号を行うことができる。この場合において，その動力船は，その発光信号を10秒以上の間隔で反復して行うことができる。

一　針路を右に転じている場合は，せん光を1回発すること。

二　針路を左に転じている場合は，せん光を2回発すること。

三　機関を後進にかけている場合は，せん光を3回発すること。

3　前項のせん光の継続時間及びせん光とせん光との間隔は，約1秒とする。

4　船舶は，互いに他の船舶の視野の内にある場合において，第9条第4項の規定による汽笛信号を行うときは，次の各号に定めるところにより，これを行わなければならない。

一　他の船舶の右げん側を追い越そうとする場合は，長音2回に引き続く短音1回を鳴らすこと。

二　他の船舶の左げん側を追い越そうとする場合は，長音2回に引き続く短音2回を鳴らすこと。

三　他の船舶に追い越されることに同意した場合は，順次に長音1回，短音1回，長音1回及び短音1回を鳴らすこと。

5　互いに他の船舶の視野の内にある船舶が互いに接近する場合において，船舶は，他の船舶の意図若しくは動作を理解することができないとき，又は他の船舶が衝突を避けるために十分な動作をとつていることについて疑いがあるときは，直ちに急速に短音を5回以上鳴らすことにより汽笛信号を行わなければならない。この場合において，その汽笛信号を行う船舶は，急速にせん光を5回以上発することにより発光信号を行うことができる。

6　船舶は，障害物があるため他の船舶を見ることができない狭い水道等のわん曲部その他の水域に接近する場合は，長音1回の汽笛信号を行わなければならない。この場合において，その船舶に接近する他の船舶は，そのわん曲部の付近又は障害物の背後においてその汽笛信号を聞いたときは，長音1回の汽笛信号を行うことによりこれに応答しなければならない。

7　船舶は，2以上の汽笛をそれぞれ100メートルを超える間隔を置いて設置している場合において，第1項又は前3項の規定による汽笛信号を行うときは，これらの汽笛を同時に鳴らしてはならない。

8　第2項及び第5項後段の規定による発光信号に使用する灯火は，5海里以上の視認距離を有する白色の全周灯とし，その技術上の基準及び位置については，国土交通省令で定める。

〔概要〕　本条は，操船信号及び警告信号について定めた規定である。

解説　**1．針路信号**（第1項，第2項，第3項）

⑴　衝突を防止するためには，自船の行動の変化をできる限り速やかに他船に伝えることによって，他船をして自船の意図を知らしめ，かつ，これに的確に対応させる必要がある。船舶が，左右に針路を転じたり，機関を後進にかけるといった行動をとった場合に，それが他船から見て，はっきりそうと知れるまでにはしばらく時間がかかる。そこで，このような行動をする場合に信号を行うことによって，自船の意図を明確に伝達しようというわけである。

⑵　針路信号を行うのは航行中の動力船に限られる。相手船はあらゆる船舶であるから，帆船や漁ろう船に対しても行わなければならない。

⑶　針路信号は，実際に針路を転じているとき又は機関を後進にかけているときに行うものである。

⑷　「この法律の規定により」というのは，具体的には次の場合が該当する。

① 第 8 条第 5 項により，動力船が周囲の状況を判断するため又は他船との衝突を避けるため必要な場合に，機関を後進にかける場合

② 第 9 条第 2 項，第 3 項により，狭い水道等において，動力船が，帆船又は漁ろう船の進路を避けるために，針路を転じ又は機関を後進にかける場合

③ 第 10 条第 6 項，第 7 項により，通航路において，動力船が，帆船又は漁ろう船の進路を避けるために，針路を転じ又は機関を後進にかける場合

④ 第 13 条第 1 項により，追越し船が，追い越される船舶の進路を避けるために，針路を転じ又は機関を後進にかける場合

⑤ 第 14 条第 1 項により，行会い船が互いに右転する場合

⑥ 第 15 条第 1 項により，他の動力船を右げん側にみる動力船が，当該他の動力船の進路を避けるために，針路を転じ又は機関を後進にかける場合

⑦ 第 17 条第 2 項，第 3 項により，保持船が，避航船との衝突を避けるために，針路を転じ又は機関を後進にかける場合

⑧ 第 18 条第 1 項により，動力船が，運転不自由船等の進路を避けるために，針路を転じ又は機関を後進にかける場合

⑨ 第 18 条第 3 項により，航行中の漁ろうに従事している航船（動力船に限る）が運転不自由船及び操縦性能制限船の進路を避けるために，針路を転じ又は機関を後進にかける場合

⑸　汽笛信号を補助するものとしての発光信号は，第 1 項の汽笛信号を行わなければならない場合に，相手船との距離等を考慮して，10 秒以上の間隔で反復して適宜行いうることとなっている。

2．追越し信号（第 4 項）

⑴　狭い水道等においては可航水域が限られているので，自船の行動のみで安全，確実に追越しができない場合が多い。第 4 項は，船舶交通の円滑な流れを確保するため，そのような場合において，追越し船と追い越される船舶との意思の疎通を図るための信号を定めたものである。

⑵　第一号，第二号の汽笛信号を行う船舶は，船舶の正横後 22 度 30 分を超える後方の位置（夜間にあっては，その船舶の第 21 条第 2 項に規定するげん灯のいずれをも見ることができない位置）からその船舶を追い越す船舶（第 13 条第 2 項）である。第三号の汽笛信号を行う船舶は，このような追越し船に追い越される船舶である。

⑶　追越し信号を行う場合は，狭い水道等で互いに他の船舶の視野の内にある場合に，追い越される船舶が追越し船を安全に通過させるための動作をとらなければ追越しができない場合である（第 9 条第 4 項参照）。

⑷　海上交通安全法第 6 条によって，航路において，追越し船は追越し信号を行わなければならないことになっている。海上交通安全法の航路は，ほとんどが狭い水道にあるので，本条の追越し信号と海上交通安全法上の追越し信号の規定が，重複してかかってくることになる。この両者の関係については，本条の追越し信号は，追い越される船舶が追越し船を安全に通過させるための動作をとらなければ追越しができない場合に，追い越される船舶の同意を求めるときに用いられ，海上交通安全法の追越し信号は，それ以外の追越し船のみの行動で追越しができる場合に用いられるという相違がある。このような相違はあるが，本条の追越し信号を行えば，追い越される船舶は追い越されることがわかるので，海上交通安全法の追越し信号を重ねて行う必要はない。

3．疑問信号（第 5 項）

⑴　船舶が互いに接近し，このまま進行すれば衝突のおそれがあるという場合に，相手船が針路信号を行いつつその信号と一致しない行動をしている場合や，避航の義務を負っている船舶が避航動作をしていないようにみえる場合などには，船舶は不安を感じる。そこでこのような場合に，相手船の行動に疑問がある旨を伝え，相手船に適切な行動をとるように促す必要がある。このような場合の信号が第 5 項の疑問信号である。

⑵　本条では，他の船舶の意図，動作が理解できないか，それに疑いをもつ船舶はすべて疑問信号を行わなければならないこととなっている。

⑶　疑問信号を行うのは

①　他の船舶の意図，動作を理解できないとき。

② 他の船舶が衝突を避けるために十分な動作をとっていることについて疑いがあるとき。

である。

①の場合としては，具体的には，右転の針路信号を行ったのに実際には左転しているような場合や，針路信号がはっきりと聴き取れず短音が何回鳴ったのか判然としない場合などが考えられる。

②の場合としては，他の船舶が避航の義務を負っているにもかかわらず，はっきりと避航動作をとっていると認められるほど大幅に動作をとっていない場合などが考えられる。

(4) 疑問信号の場合にも，汽笛信号を補助するものとしての発光信号が認められている。

4．わん曲部信号（第6項）

(1) 狭い水道のわん曲部などのように，障害物によって視界が妨げられ，自船が進もうとしている方向の先に他の船舶がいるかどうかわからない場合に，汽笛信号を行うことによってそれを確かめるために使用するものである。

(2) 障害物とは，山，丘，堤，建造物など自船の視界を妨げるものを意味する。

5．汽笛を2個以上設置している場合（第7項）

船舶が 100 メートルを超える間隔を置いて 2 個以上の汽笛を設置している場合に，これらを同時に鳴らすと，相手船に音が聞こえるまでの時間にずれがあるので，2 隻以上の船舶がいるかのように聞こえ，相手船の判断を狂わすおそれがある。そこで，このように広い間隔で複数の汽笛を設置している船舶がこれらを同時に鳴らすことを禁止し，いずれか一方の汽笛を使用させることとしている。

6．発光信号に使用する灯火（第8項）

発光信号に使用する灯火は，5 海里以上の視認距離を有する白色の全周灯である。

その技術上の基準及び位置は国土交通省令で定めることとした。技術上の基準としては，施行規則の法定灯火に関する規定（施行規則第2条，第3条，第6条，第14条）が適用される。位置については，施行規則第21条で次のように定められている。

（長さ 50 m 以上の船舶）

後部マスト灯の上方又は下方

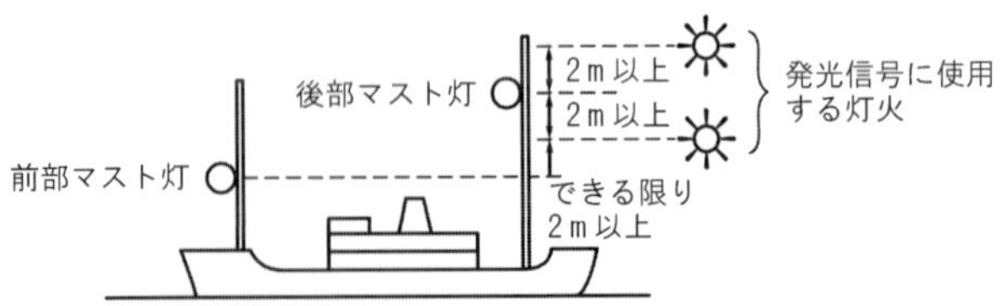

（長さ 50 m 未満の船舶）

前部マスト灯の上方又は下方でかつ，最も見えやすい場所

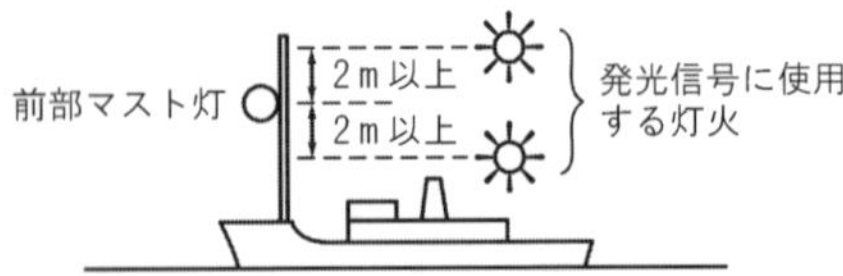

○発光信号に使用する灯火は，船舶の中心線上にあること。

（図 34－1）

■（視界制限状態における音響信号）

第35条 視界制限状態にある水域又はその付近における船舶の信号については，次項から第 13 項までに定めるところによる。

2 航行中の動力船（第 4 項又は第 5 項の規定の適用があるものを除く。次項において同じ。）は，対水速力を有する場合は，2 分を超えない間隔で長音を 1 回鳴らすことにより汽笛信号を行わなければならない。

3 航行中の動力船は，対水速力を有しない場合は，約 2 秒の間隔の 2 回の長音を 2 分を超えない間隔で鳴らすことにより汽笛信号を行わなければならない。

4 航行中の船舶（帆船，漁ろうに従事している船舶，運転不自由船，操縦性能制限船及び喫水制限船（他の動力船に引かれているものを除く。）並びに他の船舶を引き，及び押している動力船に限る。）は，2 分を超えない間隔で，長音1回に引き続く短音2回を鳴らすことにより汽笛信号を行わなければならない。

5　他の動力船に引かれている航行中の船舶（2隻以上ある場合は，最後部のもの）は，乗組員がいる場合は，2分を超えない間隔で，長音1回に引き続く短音3回を鳴らすことにより汽笛信号を行わなければならない。この場合において，その汽笛信号は，できる限り，引いている動力船が行う前項の規定による汽笛信号の直後に行わなければならない。

6　びよう泊中の長さ100メートル以上の船舶（第8項の規定の適用があるものを除く。）は，その前部において，1分を超えない間隔で急速に号鐘を約5秒間鳴らし，かつ，その後部において，その直後に急速にどらを約5秒間鳴らさなければならない。この場合において，その船舶は，接近してくる他の船舶に対し自船の位置及び自船との衝突の可能性を警告する必要があるときは，順次に短音1回，長音1回及び短音1回を鳴らすことにより汽笛信号を行うことができる。

7　びよう泊中の長さ100メートル未満の船舶（次項の規定の適用があるものを除く。）は，1分を超えない間隔で急速に号鐘を約5秒間鳴らさなければならない。この場合において，前項後段の規定を準用する。

8　びよう泊中の漁ろうに従事している船舶及び操縦性能制限船は，2分を超えない間隔で，長音1回に引き続く短音2回を鳴らすことにより汽笛信号を行わなければならない。

9　乗り揚げている長さ100メートル以上の船舶は，その前部において，1分を超えない間隔で急速に号鐘を約5秒間鳴らすとともにその直前及び直後に号鐘をそれぞれ3回明確に点打し，かつ，その後部において，その号鐘の最後の点打の直後に急速にどらを約5秒間鳴らさなければならない。この場合において，その船舶は，適切な汽笛信号を行うことができる。

10　乗り揚げている長さ100メートル未満の船舶は，1分を超えない間隔で急速に号鐘を約5秒間鳴らすとともにその直前及び直後に号鐘をそれぞれ3回明確に点打しなければならない。この場合において，前項後段の規定を準用する。

11 長さ 12 メートル以上 20 メートル未満の船舶は，第 7 項及び前項の規定による信号を行うことを要しない。ただし，その信号を行わない場合は，2 分を超えない間隔で他の手段を講じて有効な音響による信号を行わなければならない。

12 長さ 12 メートル未満の船舶は，第 2 項から第 10 項まで（第 6 項及び第 9 項を除く。）の規定による信号を行うことを要しない。ただし，その信号を行わない場合は，2 分を超えない間隔で他の手段を講じて有効な音響による信号を行わなければならない。

13 第 29 条に規定する水先船は，第 2 項，第 3 項又は第 7 項の規定による信号を行う場合は，これらの信号のほか短音 4 回の汽笛信号を行うことができる。

14 押している動力船と押されている船舶とが結合して一体となつている場合は，これらの船舶を 1 隻の動力船とみなしてこの章の規定を適用する。

〔概要〕 本条は，視界制限状態において行うべき信号を定めたものである。

解説 1．視界制限状態における情報伝達の手段としての音響信号を，各船舶の種類，状態に応じて定めている（第 1 項）。

2．視界制限状態については，第 3 条第 12 項でその意義が規定されている。

3．視界制限状態にある水域にいる場合のみならず，その付近にいる場合にもこの信号を行わなければならないが，これは，自船は視界制限状態になくても，近くの視界制限状態にある水域にいる船舶からは自船が視認されない場合があるので，この場合に視界制限状態にある水域付近にいる船舶の方にも信号を行わせることによって衝突を予防しようとするものである。

4．**航行中の動力船の行う信号**（第 2 項，第 3 項）

航行中の動力船は，対水速力を有する場合は，2 分を超えない間隔で長音を 1 回鳴らすことにより，対水速力を有しない場合は，約 2 秒の間隔の 2 回の長音を 2 分を超えない間隔で鳴らすことにより汽笛信号を行うこととなっている。

5．航行中の帆船等の行う信号（第4項）

航行中の一般動力船以外の自航船は，2分を超えない間隔で，長音1回に引き続く短音2回を鳴らすことにより汽笛信号を行うこととなっている。

6．えい航されている航行中の船舶の行う信号（第5項）

えい航されている航行中の船舶は，2分を超えない間隔で，長音1回に引き続く短音3回を鳴らすことにより汽笛信号を行うこととなっている。

7．びょう泊中の船舶の行う信号（第6項，第7項，第8項）

⑴　びょう泊中の船舶（漁ろうに従事している船舶及び操縦性能制限船を除く。）は，長さ100メートル以上のものは号鐘及びどらにより，長さ100メートル未満のものは号鐘により信号を行うこととなっている。

⑵　びょう泊中の漁ろうに従事している船舶及び操縦性能制限船は，漁具を出す等その周辺に障害物がある可能性が高いため他船の接近を防ぐ必要があることから，航行中の一般動力船以外の自航船と同様の信号を行うこととなっている。

8．乗り揚げている船舶の行う信号（第9項，第10項）

乗り揚げている船舶は，長さ100メートル以上のものは号鐘及びどらにより，長さ100メートル未満のものは号鐘により信号を行うこととなっている。

9．長さ12メートル以上20メートル未満の船舶の特例（第11項）

長さ12メートル以上20メートル未満の船舶は，第33条第2項の規定による，音響信号設備の備付け義務が緩和されているのに対応して，信号を行う義務も緩和されている。

10．長さ12メートル未満の船舶の特例（第12項）

長さ12メートル未満の船舶は，第33条第2項の規定による，音響信号設備の備付け義務が緩和されているのに対応して，信号を行う義務も緩和されている。

11．水先船の信号（第13項）

⑴　視界制限状態において，水先人の乗下船のために目的船舶に接近する水先船を識別するための信号である。

⑵　第29条に規定する水先船とは，航行中又はびょう泊中の水先船であって，水先業務に従事しているものをいう。

12. 結合して一体となっている船舶の規定（第14項）

灯火の場合と同様，押している動力船（プッシャー）と押されている船舶（バージ）とが結合して一体となっていて，外見上1隻の動力船と全く同様にみられ，かつ，その動き方も1隻の動力船の動き方と同様に考えられるものについては，1隻の動力船とみなすこととしている。

■（注意喚起信号）

第36条　船舶は，他の船舶の注意を喚起するために必要があると認める場合は，この法律に規定する信号と誤認されることのない発光信号又は音響による信号を行い，又は他の船舶を眩（げん）惑させない方法により危険が存する方向に探照灯を照射することができる。

2　前項の規定による発光信号又は探照灯による照射は，船舶の航行を援助するための施設の灯火と誤認されるものであつてはならず，また，ストロボ等による点滅し，又は回転する強力な灯火を使用して行つてはならない。

〔概要〕　他の船舶の注意を喚起するために必要があると認められる場合に行うことができる信号を規定したものである。

解説　**1.** 他の船舶の注意を喚起する必要がある場合には，本法に規定する信号と誤認されるおそれのない発光信号又は音響信号等を適切に行うことができる。

2. 他の船舶の注意を喚起するために必要がある場合とは，具体的には，他船が暗礁の多い危険な水域に向かって進んでいる場合，灯火をつけ忘れて航行している場合等が考えられる。

3. 本条では，炎火を含めて，本法の他の条の規定により認められている信号と誤認されないあらゆる信号を用いることができる。

⑴　発光信号としては，炎火，モールス式発光信号，炬火（かがり），白灯をふり回すなどの方法がある。

⑵　音響による信号は，発砲，汽笛，号鐘，爆竹，鉄管をたたくことなどが考えられる。

(3) 探照灯は非常に強力な光を発するので，操船者の方向に向けたりすると，操船者が目をくらまされ操船を誤ったりする危険があるので，探照灯の照射は他の船舶を眩惑させない方法によって行わなければならない。

4．他の船舶の注意を喚起するための発光信号又は探照灯による照射は，船舶の航行を援助するための施設（灯台，灯標等の航路標識，港内交通整理のための信号等をいう。）の灯火と誤認されるものであってはならず，また，ストロボ等による点滅し，又は回転する強力な灯火を使用して行ってはならない。

ストロボとは，クリプトンガスやキセノンガスを封入したストロボ放電管の放電により強力なせん光を発する灯火をいう。

点滅し，又は回転する強力な灯火とは，ストロボのような強力なせん光を発する点滅又は回転灯一般をいう。

5．この信号と第 34 条第 5 項の疑問信号は，他の船舶の注意を喚起する点では同じだが，疑問信号は，互いに他の船舶の視野の内にある船舶が互いに接近する場合において，他の船舶の意図，動作を理解できないとき又は他の船舶が衝突を避けるために十分な動作をとっているかどうか疑わしいときに行う信号であり，本条の信号は，そのような特別の場合以外に注意を喚起するために行う信号である。

■（遭難信号）

第37条　船舶は，遭難して救助を求める場合は，国土交通省令で定める信号を行わなければならない。

2　船舶は，遭難して救助を求めていることを示す目的以外の目的で前項の規定による信号を行ってはならず，また，これと誤認されるおそれのある信号を行ってはならない。

〔概要〕　本条は，遭難して救助を求める場合に行わなければならない信号について規定したもので，信号の種類は国土交通省令で規定することとしている。

解説　1．遭難信号は，海上における船舶の衝突を予防するという目的と直接の関連はないが，広い意味の船舶の交通ルールに関係するものであり，72 年規則にも規定されているものである。

2．⑴　遭難して救助を求めるための信号は，施行規則第22条に次のとおり規定している。

①　約1分の間隔で行う1回の発砲その他の爆発による信号

②　霧中信号器による連続音響による信号

③　短時間の間隔で発射され，赤色の星火を発するロケット又はりゅう弾による信号

④　あらゆる信号方法によるモールス符号の「--- ――― ---」(SOS)の信号

⑤　無線電話による「メーデー」という語の信号

⑥　縦に上から国際海事機関が採択した国際信号書（以下「国際信号書」という。）に定めるN旗及びC旗を掲げることによって示される遭難信号

⑦　方形旗であって，その上方又は下方に球又はこれに類似するもの1個の付いたものによる信号

⑧　船舶上の火炎（タールおけ，油たる等の燃焼によるもの）による信号

⑨　落下さんの付いた赤色の炎火ロケット又は赤色の手持ち炎火による信号

⑩　オレンジ色の煙を発することによる信号

⑪　左右に伸ばした腕を繰り返しゆっくり上下させることによる信号

⑫　デジタル選択呼出装置による2187.5キロヘルツ，4207.5キロヘルツ，6312キロヘルツ，8414.5キロヘルツ，12577キロヘルツ若しくは16804.5キロヘルツ又は156.525メガヘルツの周波数の電波による遭難警報

⑬　インマルサット船舶地球局（国際移動通信衛星機構が監督する法人が開設する人工衛星局の中継により海岸地球局と通信を行うために開設する船舶地球局をいう。）その他の衛星通信の船舶地球局の無線設備による遭難警報

⑭　非常用の位置指示無線標識による信号

⑮　前各号に掲げるもののほか，海上保安庁長官が告示で定める信号

⑵　船舶は，⑴①～⑭の信号を行うに当たっては，次の事項を考慮するものとする（第2項）。

①　国際信号書に定める遭難に関連する事項

②　国際海事機関が採択した国際航空海上捜索救助手引書第三巻に定める事項

③　黒色の方形及び円又は他の適当な図若しくは文字を施したオレンジ色の帆布を空からの識別のために使用すること。

④　染料による標識を使用すること。

3．遭難信号は，遭難して救助を求める場合に2.⑴の信号のうち一つ又は複数を行うもので，これらの信号は遭難して救助を求める場合以外に行ってはならない。

⑴　遭難とは，船舶が航海上の危難に遭遇し，船舶や積荷の滅失，毀損，乗組員の死傷のおそれのある状態をいう。

⑵　救助を求める場合とは，乗組員の力のみでは危難を脱することができない状態にあることをいう。

第5章　補　　則

■（切迫した危険のある特殊な状況）

第38条　船舶は，この法律の規定を履行するに当たつては，運航上の危険及び他の船舶との衝突の危険に十分に注意し，かつ，切迫した危険のある特殊な状況（船舶の性能に基づくものを含む。）に十分に注意しなければならない。

2　船舶は，前項の切迫した危険のある特殊な状況にある場合においては，切迫した危険を避けるためにこの法律の規定によらないことができる。

〔概要〕　本条は，運航上の危険，他の船舶との衝突の危険及び切迫した危険のある特殊な状況についての注意義務並びに切迫した危険を避けるための措置について定めた規定である。なお，本条及び第39条は72年規則ではA部総則第2条（責任）(a)，(b)で規定されている。

解説　**1．海上交通の特殊性**

本条は，海上交通の特殊性に基づく独特の規定である。海上交通の場合には，陸上交通と違い実際の運航に当たっては，様々な状況に遭遇するため，法律によりすべての状況を網羅して規制を行うことができない。また，運航者の側から言えば，義務を履行すべき状況の判断が複雑であるため，画一的な規制をかけられては実際の運航に当たりかえって不都合を生ずることがある。

本条では，このような海上交通の実態をふまえ，できる限り普遍的に適用される規定を置くとともに，実際の運航の相当部分を船員の判断に委せている。* その背景の一つには，海事関係者の間では，長い間の伝統により良き慣行（グッド・シーマンシップ）が確立していることがある。** 船員は，本法で予想している危険を念頭に入れるのはもちろんのこと，その置かれている状況に特有の運航上の危険及び衝突の危険に十分に注意しなければならない。

* 船員には判断の自由があるとともに，これに応じた責任もある。船員の常務として必要とされる注意を怠った場合には，その結果についての責任を免れ得ない（本法第 39 条）。

** 海上衝突予防法はもともと船員の常務（良き慣行の積重ね）のうち基本的なものを明文化した法律であると言われている。

2．運航上の危険

運航上の危険とは，船舶を運航する際に，船員の常務として他の船舶との衝突を避けるために考慮しなければならない一切の危険をいい，具体例としては次のようなものがある。

⑴　凍結海域を航行する船舶の灯火は，機器の結氷により本来の性能が発揮されないおそれがあること。

⑵　視界制限状態において音響信号を行っても逆風等の場合には他の船舶に十分聞こえないおそれがあること。

3．切迫した危険のある特殊な状況

切迫した危険のある特殊な状況とは，船舶の性能上の限界や水深，天候その他の事由により本法の規定に従うことができないような事情，又は，地形，潮流等の条件のため船員の相当な注意能力をもってしても回避できないやむを得ない事情により発生した切迫した危険のある状況をいい，具体例としては次のようなものがある。

⑴　保持船の船首方向に障害物がある場合

⑵　離着水のため滑走中の水上航空機に他の船舶が接近する場合

船舶は，このような状況にある場合には，本法の規定から離反することが許容される。

■（注意等を怠ることについての責任）

第39条　この法律の規定は，適切な航法で運航し，灯火若しくは形象物を表示し，若しくは信号を行うこと又は船員の常務として若しくはその時の特殊な状況により必要とされる注意をすることを怠ることによつて生じた結果について，船舶，船舶所有者，船長又は海員の責任を免除するものではない。

〔**概要**〕 本条は，船員の常務として必要とされる注意等を怠ることについての責任について規定したものである。

解説 **1．立法趣旨**

本条は，本法の規定に違反したことが原因となって衝突その他の事故が発生した場合には，その結果について関係者は責任を免れないということを注意的に確認するとともに，この法律に明文で規定していなくてもその状況に応じて当然必要とされる注意を怠った場合にも同様に責任を免れないということを確認しているものである。

2．結果についての責任

本法には罰則がないので，本法の規定に違反して船舶が衝突事故を起こしても本法による罰則を課せられることはないが，船長等の関係者はその事故を惹き起こしたことについて刑事上，民事上の責任を問われるほか，免許の取消等の行政処分を受けることとなる。

⑴　刑事上の責任……業務上過失往来危険罪（刑法第129条）

⑵　民事上の責任……不法行為責任（民法第709条）

⑶　行政上の処分……懲戒処分（海難審判法第3条，第4条）

イ．免許の取消

ロ．業務の停止

ハ．戒告

3．船員の常務

「船員の常務」とは，「海事関係者の常識」即ち「通常の船員ならば当然知っているはずの知識，経験，慣行」というような意味であり，「船舶の運用上の適切な慣行」（第8条第1項）と比べその範囲が「運用」に限られていないので，若干範囲が広い。例えば，航行中の船舶がびょう泊をしている船舶を避けるというのはその典型的なものである。

4．船舶の責任

衝突事故等が起きた場合の責任は，実際には船舶所有者，船長又は海員が負うことになるが，本法では船舶を擬人化して義務主体としてとらえているので，船舶に責任をかけておけば最終的なその責任関係の如何にかかわらず必ずその船舶の運航に責任を有する誰かが責任を負うことになるという意味で，船舶に責任を課することとしている。英米の対物訴訟において見受けられるような船舶に責任を課すような法制度を前提とした規定ではない。

5．本法と罰則との関係

海上衝突予防法は，海上交通の基本ルールとして 100 年を超える伝統を持つものであり，船舶の乗組員が航海するに当たって常識として遵守すべきもの（船員の常務）を明文化したものが多く，その違反について罰則を課さなくても遵守されることが当然であり，罰則によってまでその実効性を担保する必要はないものである。仮に，本法に違反して衝突事故が起こった場合においても，**2.**に述べたような刑事責任，民事責任等の責任を問うだけで十分その実効性は担保される。

■（他の法令による航法等についてのこの法律の規定の適用等）

第40条　第 16 条，第 17 条，第 20 条（第 4 項を除く。），第 34 条（第 4 項から第 6 項までを除く。），第 36 条，第 38 条及び前条の規定は，他の法令において定められた航法，灯火又は形象物の表示，信号その他運航に関する事項についても適用があるものとし，第 11 条の規定は，他の法令において定められた避航に関する事項について準用するものとする。

〔概要〕　本条は，本法の特別法である港則法及び海上交通安全法についても，本法の航法，灯火・形象物の表示，信号に関する一般原則の規定が適用又は準用されることを明らかにした規定である。

解説　**1．**本法は，海上における一般的な交通ルールを定める法律であり，航法，灯火の表示，信号などについての原則的な規定は，他の法令（港則法及び海上交通安全法）において定められた特例と抵触しない限り，他の法令の適用海域においても適用があることは疑いないところであるが，本法の規定のうちには，文言上それが不明確なものがある。

例えば，本法の一部の条項* には，「この法律の規定により」というような限定があり，そのままでは一般原則として適用されないかの感を与えるようなものがある。従って，その疑義を解消するため本条の規定を置いて，これらの規定が他の法令の適用海域でも適用ないし準用されることを明確にした。

＊ 例えば，第16条は，「この法律の規定により他の船舶の進路を避けなければならない船舶（次条において「避航船」という。）は，当該他の船舶から十分に遠ざかるため，できる限り早期に，かつ，大幅に動作をとらなければならない。」と規定しているが，「この法律の規定により」という限定がかかっているので，このような動作をとる義務は，例えば，海上交通安全法の規定により他の船舶の進路を避けなければならないこととされる船舶にかかるかどうか明確でない。

2．本法の規定のうち，本条により基本的ルールとして他の法令に適用されることが明瞭にされたものは，次のとおりである。

① 第16条（避航船）
② 第17条（保持船）
③ 第20条（第4項を除く。）（灯火・形象物についての通則）
④ 第34条（第4項から第6項までを除く。）（操船信号及び警告信号）
⑤ 第36条（注意喚起信号）
⑥ 第38条（切迫した危険のある特殊な状況）
⑦ 第39条（注意等を怠ることについての責任）

また準用されるのは，第11条であるが，これは，他の法令の規定により進路を避けなければならないこととされる船舶に対し進路を避ける義務がかかるのは，「互いに他の船舶の視野の内にある」場合だけであるということを明確にするため，準用することとしたものである。

3．本条により適用又は準用するとされていない規定でも，港則法又は海上交通安全法で特別の定めをしていない限りは，これらの法律の適用海域でも適用されることはいうまでもない。

■（この法律の規定の特例）

第41条　船舶の衝突予防に関し遵守すべき航法，灯火又は形象物の表示，信号その他運航に関する事項であつて，港則法（昭和23年法律第174号）又は海上交通安全法（昭和47年法律第115号）の定めるものについてはこれらの法律の定めるところによる。

2　政令で定める水域における水上航空機等の衝突予防に関し遵守すべき

航法，灯火又は形象物の表示，信号その他運航に関する事項については，政令で特例を定めることができる。

3　国際規則第 1 条(c)に規定する位置灯，信号灯，形象物若しくは汽笛信号又は同条(e)に規定する灯火若しくは形象物の数，位置，視認距離若しくは視認圏若しくは音響信号装置の配置若しくは特性（次項において「特別事項」という。）については，国土交通省令で特例を定めることができる。

4　条約の締約国である外国が特別事項について特別の規則を定めた場合において，国際規則第 1 条(c)又は(e)に規定する船舶であつて当該外国の国籍を有するものが当該特別の規則に従うときは，当該特別の規則に相当するこの法律又はこの法律に基づく命令の規定は，当該船舶について適用しない。

〔概要〕　本条は，本法の特例について定めた規定であり，72 年規則第 1 条(b)，(c)及び(e)に対応している。

解説　**1．港則法又は海上交通安全法**（第 1 項）

第 1 項は，特定の水域に適用される本法の特別法たる港則法又は海上交通安全法において，本法に規定する航法等の運航に関する事項に対する特例を定めている場合は，その特別法たる性格からいって，当然港則法又は海上交通安全法の規定が本法に優先して適用されることを明らかにしたものである。

なお，港湾，内海等についてこのような特例を各国が定めることは，72 年規則自体も認めているところである。*

---

* 72 年規則

第 1 条(b)　この規則のいかなる規定も，停泊地，港湾，河川若しくは湖沼又は公海に通じかつ海上航行船舶が航行することができる内水路について，権限のある当局が定める特別規則の実施を妨げるものではない。特別規則は，できる限りこの規則に適合していなければならない。

2．水上航空機等の特例（第 2 項）

水上航空機等が頻繁に離着水する水域を政令で定め，その水域内における水上航空機等の運航の実態に応じた特別の航法等を政令で定めることとしている。なお，現在の段階では，第 2 項に基づく政令の定めはない。

3．特殊構造船等の特例（第3項，第4項）

特殊な構造又は目的を有する船舶が，本法（省令を含む。）の基準に従うならば，当該船舶の特殊性が損なわれると認められる場合等一定の場合には，国土交通省令で特例を定めることができることとなっている。**

** 特例の内容

自衛艦及び巡視船についてマスト灯等の灯火の表示位置に関する特例を定めるとともに，特殊な構造又は目的のために本法又は施行規則の規定を適用することが困難であるその他の船舶については，認定・指示制度を設け，国土交通大臣が個々の船舶ごとに特例を認めることとした。

現在，定められている特例の内容は，できる限り本法（省令を含む。）の基準に近いものになっている（施行規則第23条）。

また，外国船の船籍国が上記と同趣旨の特別規則を定めている場合に，当該外国船が当該特別規則を遵守するときは，当該特別規則に相当する本法又は施行規則の規定は，当該外国船には適用しないこととしている（二重適用の防止）。このような特例を定めることは，72年規則自体も認めているところである。***

*** 72年規則

第1条(c)　この規則のいかなる規定も，2隻以上の軍艦若しくは護送されている船舶のための位置灯，信号灯，形象物若しくは汽笛信号又は集団で漁ろうに従事している漁船のための追加の位置灯，信号灯若しくは形象物に関して，各国の政府が定める特別規則の実施を妨げるものではない。これらの位置灯，信号灯，形象物又は汽笛信号は，できる限り，この規則に定める灯火又は信号と誤認されないものでなければならない。

(e)　特殊な構造又は目的を有する船舶がこの規則の灯火若しくは形象物の数，位置，視認距離若しくは視認圏に関する規定又はこの規則の音響信号装置の配置若しくは特性に関する規定に従うならば当該船舶の特殊な機能が損なわれると関係政府が認める場合には，当該船舶は，灯火若しくは形象物の数，位置，視認距離若しくは視認圏又は音響信号装置の配置若しくは特性について，当該政府がこの規則の規定に最も近いと認める他の規則に従わなければならない。

■（経過措置）

第42条　この法律の規定に基づき命令を制定し，又は改廃する場合においては，その命令で，その制定又は改廃に伴い合理的に必要と判断される範囲内において，所要の経過措置を定めることができる。

〔**概要**〕　本条は，本法の規定に基づき命令を制定し，又は改廃する場合において，その命令で所要の経過措置を定めることができることを定めた規定である。

解説　1．委任命令については，その委任された範囲内においてその命令自体に併せて所要の経過措置を定めることを認めるというのが最近の立法例の通例である。

2．本条に基づき，施行規則の附則で，灯火，形象物及び音響信号装置の技術上の基準及び位置に関する経過措置を定めている。

灯火，形象物及び音響信号装置の技術上の基準及び位置については，施行規則で定めることとしているが，この基準のうち一部のものは旧法の基準と比べ強化されており，この命令の施行前に建造され又は建造に着手された船舶が直ちにこの基準に適合した設備を備えることは困難である。このため，72年規則が認めている範囲の猶予期間を施行規則の附則で定めることとしたものである（具体的内容は附則第3条の **解説** 参照）。

附　　則

■（灯火の視認距離に関する経過措置）

第3条　この法律の施行前に建造され，又は建造に着手された船舶が表示すべき灯火の視認距離については，新法第 22 条の規定にかかわらず，条約第 4 条 1(a)の規定により条約が効力を生ずる日から起算して 4 年を経過する日までは，なお従前の例による。

〔概要〕　本法第 22 条では，一定の船舶の視認距離を延長しているが，本条は，本法施行後 4 年間は，なお旧法の基準に合致していればよい旨を定めた規定である。

解説　**1．猶予期間**

本法においては，灯火の色度・光度について新たに基準を設ける，灯火の位置・間隔について基準を厳しくする，灯火の視認距離を延長する，音響信号装置の基準を新たに設ける等灯火，音響信号装置の基準の強化を図っているが，これらの改正を即時に適用すると船舶の運航に重大な影響を及ぼすので，本法の施行前に建造され，又は建造に着手された船舶（キールが据え付けられているか又はこれに相当する建造段階にある船舶）については，耐用年数等を考慮し 4 ～ 9 年間（場合によっては永久），これらの基準の適用を延期することとしている。* 附則第 3 条では，法律事項である灯火の視認距離について新しい基準（第 22 条）の適用を 4 年間猶予している。灯火の視認距離以外の基準については，省令事項であるので，施行規則の附則で所要の規定を設けて手当を行っている。**

---

*　72 年規則

第 38 条　免除

船舶は，この規則の効力発生前に，キールが据え付けられている場合又はこれに相当する建造段階にある場合には，1960 年の海上における衝突の予防のための国際規則の規定に従うことを条件として，次のとおりこの規則の規定の適用が免除される。

(a)　第22条に定める視認距離を有する灯火の設置については，この規則の効力発生の日以後4年間

(b)　附属書Ⅰ7に定める色の基準に適合する灯火の設置については，この規則の効力発生の日以後4年間

(c)　フィート単位からメートル単位への変更及び数字の端数整理による灯火の位置の変更については，永久

(d)(i)　長さ150メートル未満の船舶が附属書Ⅰ3(a)の規定に従って行うマスト灯の位置の変更については，永久

(ii)　長さ150メートル以上の船舶が附属書Ⅰ3(a)の規定に従って行うマスト灯の位置の変更については，この規則の効力発生の日以後9年間

(e)　附属書Ⅰ2(b)の規定に従って行うマスト灯の位置の変更については，この規則の効力発生の日以後9年間

(f)　附属書Ⅰ2(g)及び3(b)の規定に従って行うげん灯の位置の変更については，この規則の効力発生の日以後9年間

(g)　附属書Ⅲに定める音響信号設備に関する規定の適用については，この規則の効力発生の日以後9年間

**　省令事項の経過措置

○従来どおりで差し支えないもの

事　　項	適用船舶	施行規則	従来の規定
前部マスト灯の位置	長さ12m以上12.19m未満の動力船	第9条第1項第二号本文	げん縁上2.74m未満の高さ（げん灯より0.91m上方）
げん灯の位置	長さ12m未満の動力船	第11条第一号ハ	前部マスト灯から少なくとも0.91m下方の位置
両色灯の位置	長さ19.80m未満の動力船	第11条第二号	
連掲する灯火の間の距離	長さ20m以上の船舶	第12条第1項の表長さ20m以上の船舶の項距離の欄第一号	1.83m以上隔てること
	トロール以外の漁法により漁ろうに従事している長さ12.19m未満の船舶	第12条第1項の表長さ20m未満の船舶の項距離の欄第一号	白灯を紅灯から少なくとも0.91m下方の位置
漁具を出している方向を示す灯火の水平距離	トロール以外の漁法により漁ろうに従事している船舶	第15条第1項第一号	白色の全周灯からの水平距離は1.83m以上6.10m以下

マスト灯の間の水平距離等	長さ150 m未満の動力船	第 10 条第 1 項及び第 2 項	両灯間の水平距離は，その垂直距離の3倍以上

2．新しい灯火の扱い

本法により新たに表示を義務づけられた灯火として，エアクッション船の表示する黄色のせん光灯，引き船の表示する引き船灯等があるが，これらの灯火の表示については経過措置は認められていない。

1972年の海上における衝突の予防のための国際規則

（昭和 52 年 7 月 5 日　条約第 2 号）

改正　昭和58年 5 月19日　外務省告示第 162 号
平成元年11月 8 日　外務省告示第 580 号
平成 3 年 9 月20日　外務省告示第 472 号
平成 7 年12月20日　外務省告示第 671 号

A部　総　則

第1条　適　用

(a)　この規則は，公海及びこれに通じかつ海上航行船舶が航行することができるすべての水域の水上にあるすべての船舶に適用する。

(b)　この規則のいかなる規定も，停泊地，港湾，河川若しくは湖沼又は公海に通じかつ海上航行船舶が航行することができる内水路について，権限のある当局が定める特別規則の実施を妨げるものではない。特別規則は，できる限りこの規則に適合していなければならない。

(c)　この規則のいかなる規定も，2 隻以上の軍艦若しくは護送されている船舶のための追加の位置灯，信号灯，形象物若しくは汽笛信号又は集団で漁ろうに従事している漁船のための追加の位置灯，信号灯若しくは形象物に関して各国の政府が定める特別規則の実施を妨げるものではない。これらの位置灯，信号灯，形象物又は汽笛信号は，できる限り，この規則に定める灯火，形象物又は信号と誤認されないものでなければならない。

(d)　機関は，この規則の適用上，分離通航方式を採択することができる。

(e)　特殊な構造又は目的を有する船舶がこの規則の灯火若しくは形象物の数，位置，視認距離若しくは視認圏に関する規定又はこの規則の音響信号装置の配置若しくは特性に関する規定に従うことはできないと関係政府が認める場合には，当該船舶は，灯火若しくは形象物の数，位置，視認距離若しくは視認圏又は音響信号装置の配置若しくは特性について，当該政府がこの規則の規定に最も近いと認める他の規則に従わなければならない。

第2条　責　任

(a)　この規則のいかなる規定も，この規則を遵守することを怠ること又は船員の常務として必要とされる注意若しくはその時の特殊な状況により必要とされる注意を払うことを怠ることによつて生じた結果について，船舶，船舶所有者，船長又は海員の責任を免除するものではない。

(b)　この規則の規定の解釈及び履行に当たつては，運航上の危険及び衝突の危険に対して十分な注意を払わなければならず，かつ，切迫した危険のある特殊な状況（船舶の性能に基づくものを含む。）に十分な注意を払わなければならない。この特殊な状況の場合においては，切迫した危険を避けるため，この規則の規定によらないことができる。

第3条　一般的定義

この規則の規定の適用上，文脈により別に解釈される場合を除くほか，

(a)　「船舶」とは，水上輸送の用に供され又は供することができる船舟類（無排水量船，表面効果翼船及び水上航空機を含む。）をいう。

※　(a)は仮訳である。2003年（平成15年）11月29日発効した。

(b)　「動力船」とは，推進機関を用いて推進する船舶をいう。

(c)　「帆船」とは，帆を用いている船舶（推進機関を備え，かつ，これを用いているものを除く。）をいう。

(d)　「漁ろうに従事している船舶」とは，操縦性能を制限する網，なわ，トロールその他の漁具を用いて漁ろうをしている船舶をいい，操縦性能を制限しない引きなわその他の漁具を用いて漁ろうをしている船舶を含まない。

(e)　「水上航空機」とは，水上を移動することができる航空機をいう。

(f)　「運転が自由でない状態にある船舶」とは，例外的な事情によりこの規則に従つて操縦することができず，このため他の船舶の進路を避けることができない船舶をいう。

(g) 「操縦性能が制限されている船舶」とは，自船の作業の性質によりこの規則に従つて操縦することが制限されており，このため他の船舶の進路を避けることができない船舶をいう。

操縦性能が制限されている船舶には，次の船舶を含める。

(i) 航路標識，海底電線又は海底パイプラインの敷設，保守又は引揚げに従事している船舶

(ii) しゆんせつ，測量又は水中作業に従事している船舶

(iii) 航行中において補給，人の移乗又は食糧若しくは貨物の積替えに従事している船舶

(iv) 航空機の発着の作業に従事している船舶

(v) 掃海作業に従事している船舶

(vi) 引いている船舶及び引かれている物件が進路から離れることを著しく制限するようなえい航作業に従事している船舶

(h) 「喫水による制約を受けている船舶」とは，自船の喫水と航行することができる水域の利用可能な水深及び幅との関係により進路から離れることを著しく制限されている動力船をいう。

(i) 「航行中」とは，船舶がびよう泊し，陸岸に係留し又は乗り揚げていない状態をいう。

(j) 船舶の「長さ」及び「幅」とは，船舶の全長及び最大幅をいう。

(k) 2隻の船舶は，互いに視覚によつて他の船舶を見ることができる場合に限り，互いに他の船舶の視野の内にあるものとする。

(l) 「視界が制限されている状態」とは，霧，もや，降雪，暴風雨，砂あらしその他これらに類する原因によつて視界が制限されている状態をいう。

(m) 「表面効果翼船」とは，主な運航形態として，表面効果作用を利用して水面に接近して飛行する多形態船舟をいう。

※ (m)は仮訳である。2003年（平成15年）11月29日発効した。

B部　操船規則及び航行規則

第1章　あらゆる視界の状態における船舶の航法

第4条　適　用

この章の規定は，あらゆる視界の状態において適用する。

第5条　見張り

すべての船舶は，その置かれている状況及び衝突のおそれを十分に判断することができるように，視覚及び聴覚により，また，その時の状況に適したすべての利用可能な手段により，常に適切な見張りを行つていなければならない。

第6条　安全な速力

すべての船舶は，衝突を避けるために適切かつ有効な動作をとることができるように，また，その時の状況に適した距離で停止することができるように，常に安全な速力で進行しなければならない。

安全な速力の決定に当たつては，特に次の事項を考慮しなければならない。

(a)　すべての船舶が考慮すべき事項

(i)　視界の状態

(ii)　交通のふくそう状況（漁船その他の船舶の集中を含む。）

(iii)　その時の状況における船舶の操縦性能，特に，停止距離及び旋回性能

(iv)　夜間における陸岸の灯火，自船の灯火の反射等による灯光の存在

(v)　風，海面及び海潮流の状態並びに航路障害物との近接状態

(vi)　自船の喫水と利用可能な水深との関係

(b)　レーダーを使用している船舶が更に考慮すべき事項

(i)　レーダーの特性，性能及び限界

(ii)　使用しているレーダーレンジによる制約

(iii)　海象，気象その他の干渉原因によるレーダー探知上の影響

(iv)　小型船舶，氷その他の浮遊物件は，適切なレンジにおいてもレーダーにより探知することができない場合があること。

(v)　レーダーにより探知した船舶の数，位置及び動向

(vi)　付近の船舶その他の物件との距離の測定にレーダーを使用することにより視界の状態を一層正確に把(は)握することができる場合があること。

第７条　衝突のおそれ

(a)　すべての船舶は，衝突のおそれがあるかどうかを判断するため，その時の状況に適したすべての利用可能な手段を用いなければならない。衝突のおそれがあるかどうか疑わしい場合には，衝突のおそれがあるものとする。

(b)　レーダーを装備しかつ使用しているときは，これを適切に利用しなければならない。その適切な利用とは，例えば，衝突のおそれを早期に知るための長距離レンジによる走査及び探知した物件についてレーダープロッティングその他これと同様の系統的な観察を行うことをいう。

(c)　不十分な情報，特に，不十分なレーダー情報に基づいて憶測してはならない。

(d)　衝突のおそれがあるかどうかを判断するに当たつては，特に次のことを考慮しなければならない。

(i)　接近してくる船舶のコンパス方位に明確な変化が認められない場合には，衝突のおそれがあるものとすること。

(ii)　コンパス方位に明確な変化が認められる場合においても，特に，大型船舶若しくはえい航している船舶に接近するとき又は近距離で船舶に接近するときは，衝突のおそれがあり得ること。

第８条　衝突を避けるための動作

(a)　衝突を避けるためのいかなる動作も，状況の許す限り，十分に余裕のある時期に，この部の規則に従つて，また船舶の運用上の適切な慣行に従つてためらわずにとられなければならない。

※　(a)は仮訳である。2003年（平成15年）11月29日発効した。

(b)　衝突を避けるための針路又は速力のいかなる変更も，状況の許す限り，視覚又はレーダーによつて見張りを行つている他の船舶が容易に認めることができるように十分に大きいものでなければならない。針路又は速力を小刻みに変更することは，避けなければならない。

(c)　十分に広い水域がある場合には，針路のみの変更であつても，その変更が，適切な時期に行われ，大幅であり，かつ，著しく接近する状態を新たに引き起こさない限り，著しく接近する状態を避けるための最も有効な動作となり得る。

(d)　他の船舶との衝突を避けるための動作は，安全な距離を保つて通航することとなるものでなければならない。その動作の効果は，他の船舶が完全に通過しかつ十分に遠ざかるまで注意深く確かめなければならない。

(e)　船舶は，衝突を避けるために又は状況を判断するための時間的余裕を得るために必要な場合には，速力を減じ，又は推進機関を停止し若しくは後進にかけることによりゆきあしを完全に止めなければならない。

(f)(i)　この規則の規定によつて他の船舶の通航又は安全な通航を妨げてはならないとされている船舶は，状況により必要な場合には，他の船舶が安全に通航することができる十分に広い水域を開けるため，早期に動作をとらなければならない。

(ii)　他の船舶の通航又は安全な通航を妨げてはならない義務を負う船舶は，衝突のおそれがあるほど他の船舶に接近する場合であつてもその義務が免除されるものではない。また，動作をとる場合には，この部の規定によつて要求されることがある動作を十分に考慮しなければならない。

(iii)　2 隻の船舶が互いに接近する場合において衝突のおそれがあるときは，通航が妨げられないとされている船舶は，引き続きこの部の規則に従わなければならない。

第９条　狭い水道

(a)　狭い水道又は航路筋をこれに沿つて進行する船舶は，安全かつ実行可能である限り，当該狭い水道又は航路筋の右側端に寄つて進行しなければならない。

(b)　長さ 20 メートル未満の船舶又は帆船は，狭い水道又は航路筋の内側でなければ安全に航行することができない船舶の通航を妨げてはならない。

(c)　漁ろうに従事している船舶は，狭い水道又は航路筋の内側を航行している他の船舶の通航を妨げてはならない。

(d)　船舶は，狭い水道又は航路筋の内側でなければ安全に航行することができない船舶の通航を妨げることとなる場合には，当該狭い水道又は航路筋を横切つてはならない。狭い水道又は航路筋の内側でなければ安全に航行することができない船舶は，横切つている船舶の意図に疑問がある場合には，第34条(d)に定める音響信号を行うことができる。

(e)(i)　狭い水道又は航路筋において追い越される船舶が追い越そうとする船舶を安全に通航させるための動作をとらなければ追い越すことができない場合には，追い越そうとする船舶は，第34条(c)(i)に定める音響信号を行うことによりその意図を示さなければならない。追い越される船舶は，追い越されることに同意した場合には，同条(c)(ii)に定める音響信号を行い，かつ，安全に通航させるための動作をとらなければならず，また，疑問がある場合には，同条(d)に定める音響信号を行うことができる。

(ii)　(i)の規定は，第13条に規定する追い越す船舶の義務を免除するものではない。

(f)　狭い水道又は航路筋において，障害物のために他の船舶を見ることができないわん曲部その他の水域に接近する船舶は，特に細心の注意を払つて航行しなければならず，また，第34条(e)に定める音響信号を行わなければならない。

(g)　船舶は，状況の許す限り，狭い水道においてびよう泊することを避けなければならない。

第10条　分離通航方式

(a)　この条の規定は，機関が採択した分離通航方式に適用する。当該規定は，他の条の規定に基づく義務を免除するものではない。

(b)　分離通航帯を使用する船舶は，

(i)　通航路を当該通航路の交通の流れの一般的な方向に進行しなければならない。

(ii)　実行可能な限り，分離線又は分離帯から離れていなければならない。

(iii)　通常，通航路の出入口から出入しなければならない。ただし，通航路の側方から出入する場合には，当該通航路の交通の流れの一般的な方向に対し実行可能な限り小さい角度で出入しなければならない。

(c)　船舶は，実行可能な限り，通航路を横断することを避けなければならない。ただし，やむを得ず通航路を横断する場合には，当該通航路の交通の流れの一般的な方向に対し実行可能な限り直角に近い角度に船首を向けて横断しなければならない。

(d)(i)　船舶は，沿岸通航帯に隣接した分離通航帯の通航路を安全に使用することができるときは，当該沿岸通航帯を使用してはならない。ただし，長さ 20 メートル未満の船舶，帆船及び漁ろうに従事している船舶は，当該沿岸通航帯を使用することができる。

(ii)　(i)の規定にかかわらず，船舶は，沿岸通航帯内にある港，沖合の設備若しくは構造物，パイロット・ステーションその他の場所に出入りし又は切迫した危険を避ける場合には，当該沿岸通航帯を使用することができる。

(e)　通航路を横断し又は通航路に出入する船舶以外の船舶は，通常，次の場合を除くほか，分離帯に入り又は分離線を横切つてはならない。

(i)　緊急の場合において切迫した危険を避けるとき。

(ii)　分離帯の中で漁ろうに従事する場合

(f)　船舶は，分離通航帯の出入口の付近においては，特に注意を払つて航行しなければならない。

(g)　船舶は，分離通航帯及びその出入口の付近においては，実行可能な限り，びよう泊することを避けなければならない。

(h)　分離通航帯を使用しない船舶は，実行可能な限り当該分離通航帯から離れていなければならない。

(i)　漁ろうに従事している船舶は，通航路をこれに沿つて航行している船舶の通航を妨げてはならない。

(j)　長さ 20 メートル未満の船舶又は帆船は，通航路をこれに沿つて航行している動力船の安全な通航を妨げてはならない。

(k)　操縦性能が制限されている船舶であつて分離通航帯において航行の安全を確保するための作業に従事しているものは，その作業を行うために必要な限度において，この条の規定の適用が免除される。

(l)　操縦性能が制限されている船舶であつて分離通航帯において海底電線の敷設，保守又は引揚げのための作業に従事しているものは，その作業を行うために必要な限度において，この条の規定の適用が免除される。

第２章　互いに他の船舶の視野の内にある船舶の航法

第11条　適　用

この章の規定は，互いに他の船舶の視野の内にある船舶について適用する。

第12条　帆　船

(a)　2 隻の帆船が互いに接近する場合において衝突のおそれがあるときは，いずれか一の帆船は，次の(i)から(iii)までの規定に従い，他の帆船の進路を避けなければならない。

(i)　2 隻の船舶の風を受けているげんが異なる場合には，左げんに風を受けている船舶は，右げんに風を受けている船舶の進路を避けなければならない。

(ii)　2 隻の船舶の風を受けているげんが同じである場合には，風上の船舶は，風下の船舶の進路を避けなければならない。

(iii)　左げんに風を受けている船舶は，風上に他の船舶を見る場合において，当該他の船舶が左げんに風を受けているか右げんに風を受けているかを判断することができないときは，当該他の船舶の進路を避けなければならない。

(b)　この条の規定の適用上，風上は，メインスルの張つている側（横帆船の場合には，最大の縦帆の張つている側）の反対側とする。

第13条　追越し

(a)　追い越す船舶は，前章の規定及びこの章の他の条の規定にかかわらず，追い越される船舶の進路を避けなければならない。

(b)　船舶は，他の船舶の正横後 22.5 度を超える後方の位置，すなわち，夜間において当該他の船舶のいずれのげん灯をも見ることはできないが船尾灯のみを見ることができる位置から当該他の船舶を追い抜く場合には，追い越しているものとする。

(c)　船舶は，自船が他の船舶を追い越しているかどうか疑わしい場合には，追い越しているものとして動作をとらなければならない。

(d) 追い越す船舶と追い越される船舶との間の方位のいかなる変更も，追い越す船舶をこの規則にいう横切りの状況にある船舶とするものではなく，追い越す船舶に対し，他の船舶を完全に追い越しかつ当該他の船舶から十分に遠ざかるまで当該他の船舶の進路を避ける義務を免除するものではない。

第14条　行会いの状況

(a) 2 隻の動力船が真向かい又はほとんど真向かいに行き会う場合において衝突のおそれがあるときは，各船舶は，互いに他の船舶の左げん側を通航するようにそれぞれ針路を右に転じなければならない。

(b) 船舶が他の船舶を船首方向又はほとんど船首方向に見る場合において，夜間においては当該他の船舶の 2 個のマスト灯を一直線上若しくはほとんど一直線上に見るとき若しくは両側のげん灯を見るとき又は昼間においては当該他の船舶をこれに相当する状態に見るときは，(a)に規定する状況が存在するものとする。

(c) 船舶は，(a)に規定する状況にあるかどうか疑わしい場合には，その状況にあるものとして動作をとらなければならない。

第15条　横切りの状況

2 隻の動力船が互いに進路を横切る場合において衝突のおそれがあるときは，他の船舶を右げん側に見る船舶は，当該他の船舶の進路を避けなければならず，状況の許す限り，当該他の船舶の船首方向を横切ることを避けなければならない。

第16条　避航船の動作

他の船舶の進路を避けなければならない船舶は，当該他の船舶から十分に遠ざかるため，できる限り早期かつ大幅に動作をとらなければならない。

第17条　保持船の動作

(a)(i) 2 隻の船舶のいずれか一の船舶が他の船舶の進路を避けなければならない場合には，当該他の船舶は，その針路及び速力を保持しなければならない。

(ii) (i)の規定にかかわらず，当該他の船舶の進路を避けなければならない船舶がこの規則に適合する適切な動作をとつていないことが当該他の船舶にとつて明らかになつたときは，当該他の船舶は，自船のみによつて衝突を避けるための動作を直ちにとることができる。

(b) 針路及び速力を保持しなければならない船舶は，何らかの事由により避航船と間近に接近したためその避航船の動作のみでは衝突を避けることができないと認める場合には，衝突を避けるための最善の協力動作をとらなければならない。

(c) 動力船は，横切りの状況にある場合において他の動力船との衝突を避けるため(a)(ii)の規定に従つて動作をとるときは，状況の許す限り，左げん側にある当該他の動力船に対して針路を左に転じてはならない。

(d) この条の規定は，避航船に対し，他の船舶の進路を避ける義務を免除するものではない。

第18条　各種船舶の責任

第9条，第10条及び第13条に別段の定めがある場合を除くほか，

(a) 航行中の動力船は，次の船舶の進路を避けなければならない。

(i) 運転が自由でない状態にある船舶

(ii) 操縦性能が制限されている船舶

(iii) 漁ろうに従事している船舶

(iv) 帆船

(b) 航行中の帆船は，次の船舶の進路を避けなければならない。

(i) 運転が自由でない状態にある船舶

(ii) 操縦性能が制限されている船舶

(iii) 漁ろうに従事している船舶

(c) 航行中の漁ろうに従事している船舶は，できる限り，次の船舶の進路を避けなければならない。

(i) 運転が自由でない状態にある船舶

(ii) 操縦性能が制限されている船舶

(d)(i) 運転が自由でない状態にある船舶及び操縦性能が制限されている船舶以外の船舶は，状況の許す限り，喫水による制約を受けている船舶であつて第28条に定める灯火又は形象物を表示しているものの安全な通航を妨げることを避けなければならない。

(ii) 喫水による制約を受けている船舶は，その特殊な事情を十分に考慮しつつ，特に注意を払つて航行しなければならない。

(e) 水上にある水上航空機は，原則として，すべての船舶から十分に遠ざからなければならず，また，これらの船舶の運航を妨げることを避けなければならないが，衝突のおそれがある場合には，この部の規定に従わなければならない。

(f)(i) 離水，着水及び水面に接近して飛行する表面効果翼船は，他のすべての船舶から十分に遠ざからなければならず，また，これらの船舶の運航を妨げることを避けなければならない。

(ii) 水面上運航状態の表面効果翼船は，動力船としてこの部の規定に従わなければならない。

※ (f)(i)(ii)は仮訳である。2003年（平成15年）11月29日発効した。

第3章　視界が制限されている状態における船舶の航法

第19条　視界が制限されている状態における船舶の航法

(a) この条の規定は，視界が制限されている状態にある水域又はその付近を航行している船舶であつて互いに他の船舶の視野の内にないものに適用する。

(b) すべての船舶は，その時の状況及び視界が制限されている状態に応じた安全な速力で進行しなければならない。動力船は，推進機関を直ちに操作することができるようにしておかなければならない。

(c) すべての船舶は，第1章の規定に従うに当たり，その時の状況及び視界が制限されている状態を十分に考慮しなければならない。

(d) 他の船舶の存在をレーダーのみにより探知した船舶は，著しく接近する状態が生じつつあるかどうか又は衝突のおそれがあるかどうかを判断しなければならず，また，著しく接近する状態が生じつつある場合又は衝突のおそれがある場合には，十分に余裕のある時期にこれらの状況を避けるための動作をとらなければならない。ただし，その動作が針路の変更となるときは，次の動作をとることは，できる限り避けなければならない。

(i) 追い越される船舶以外の船舶で正横より前方にあるものに対し，針路を左に転ずること。

(ii) 正横又は正横より後方にある船舶の方向に針路を転ずること。

(e) 衝突のおそれがないと判断した場合を除くほか，すべての船舶は，他の船舶の霧中信号を明らかに正横より前方に聞いた場合又は正横より前方にある他の船舶と著しく接近する状態を避けることができない場合には，針路を保持することができる最小限度までその速力を減じなければならない。当該船舶は，必要な場合にはゆきあしを完全に止めなければならず，また，いかなる場合においても衝突の危険がなくなるまで特段の注意を払つて航行しなければならない。

C部　灯火及び形象物

第20条　適　用

(a)　この部の規定は，いかなる天候の下においても遵守しなければならない。

(b)　灯火に関する規定は，日没から日出までの間において遵守しなければならず，この間は，この規則に定める灯火以外のいかなる灯火をも表示してはならない。ただし，この規則に定める灯火と誤認されることのない灯火，この規則に定める灯火の視認若しくはその特性の識別の妨げとならない灯火又は適切な見張りの妨げとならない灯火は，この限りでない。

(c)　この規則に定める灯火は，これを備えている場合において，日出から日没までの間にあつても視界が制限されている状態にあるときは，表示しなければならず，また，必要と認める他のあらゆる状況において表示することができる。

(d)　形象物に関する規定は，昼間において遵守しなければならない。

(e)　この規則に定める灯火及び形象物は，附属書Iの規定に適合するものでなければならない。

第21条　定　義

(a)　「マスト灯」とは，225度にわたる水平の弧を完全に照らす白灯であつて，その射光が正船首方向から各げん正横後22.5度までの間を照らすように船舶の縦中心線上に設置したものをいう。

(b)　「げん灯」とは，112.5度にわたる水平の弧を完全に照らす右げん側の緑灯又は左げん側の紅灯であつて，それぞれその射光が正船首方向から右げん正横後22.5度までの間又は正船首方向から左げん正横後22.5度までの間を照らすように設置したものをいう。長さ20メートル未満の船舶は，これらのげん灯を結合して一の灯火とし，船舶の縦中心線上に設置することができる。

(c)　「船尾灯」とは，135度にわたる水平の弧を完全に照らす白灯であつて，その射光が正船尾方向から各げん67.5度までの間を照らすように実行可能な限り船尾近くに設置したものをいう。

(d)　「引き船灯」とは，(c)に定義する船尾灯と同じ特性を有する黄灯をいう。
(e)　「全周灯」とは，360度にわたる水平の弧を完全に照らす灯火をいう。
(f)　「せん光灯」とは，一定の間隔で毎分120回以上のせん光を発する灯火をいう。

第22条　灯火の視認距離

この規則に定める灯火は，少なくとも次の視認距離を有するように附属書Ⅰ8に定める光度を有するものでなければならない。

(a)　長さ50メートル以上の船舶の場合

マスト灯	6海里
げん灯	3海里
船尾灯	3海里
引き船灯	3海里
白色，紅色，緑色又は黄色の全周灯	3海里

(b)　長さ12メートル以上50メートル未満の船舶の場合

マスト灯	5海里
（長さ20メートル未満の船舶にあつては，3海里）	
げん灯	2海里
船尾灯	2海里
引き船灯	2海里
白色，紅色，緑色又は黄色の全周灯	2海里

(c)　長さ12メートル未満の船舶の場合

マスト灯	2海里
げん灯	1海里
船尾灯	2海里
引き船灯	2海里
白色，紅色，緑色又は黄色の全周灯	2海里

(d)　目につきにくく一部が水に沈んでいる状態の引かれている船舶その他の物件の場合

白色の全周灯	3海里

第23条　航行中の動力船

(a)　航行中の動力船は，次の灯火を表示しなければならない。

(i)　前部にマスト灯1個

(ii)　(i)に定めるマスト灯よりも後方かつ高い位置に第2のマスト灯1個。ただし，長さ50メートル未満の船舶は，第2のマスト灯を表示することを要しない。

(iii)　げん灯1対

(iv)　船尾灯1個

(b)　無排水量状態のエアクッション船は，(a)に定める灯火のほか，黄色の全周灯であるせん光灯1個を表示しなければならない。

(c)　表面効果翼船は，離水，着水及び水面に接近して飛行する場合に限り，(a)に定める灯火のほか，紅色の全周灯である強烈なせん光灯1個を表示しなければならない。

※　(c)は仮訳である。2003年（平成15年）11月29日発効した。

(d)(i)　長さ12メートル未満の動力船は，(a)に定める灯火に代えて白色の全周灯1個及びげん灯1対を表示することができる。

(ii)　長さ7メートル未満の動力船で最大速力が7ノットを超えないものは，(a)に定める灯火に代えて白色の全周灯1個を表示することができるものとし，この場合において実行可能なときは，げん灯1対を表示しなければならない。

(iii)　長さ12メートル未満の動力船は，マスト灯又は白色の全周灯を船舶の縦中心線上に設置することができない場合には，船舶の縦中心線上の位置以外の位置に設置することができる。この場合において，げん灯を結合して一の灯火とするときは，当該灯火を船舶の縦中心線上に設置し又は当該灯火をマスト灯若しくは白色の全周灯が設置されている位置から船舶の縦中心線に平行に引いた直線に実行可能な限り近い位置に設置しなければならない。

第24条　えい航及び押航

(a)　えい航している動力船は,次の灯火又は形象物を表示しなければならない。

(i) 前条(a)(i)又は(ii)に定める灯火に代えて垂直線上にマスト灯2個。引いている船舶の船尾から引かれている物件の後端までの長さが 200 メートルを超える場合には，垂直線上にマスト灯3個

(ii) げん灯1対

(iii) 船尾灯1個

(iv) 船尾灯の垂直線上の上方に引き船灯1個

(v) (i)に規定する長さが200メートルを超える場合には，最も見えやすい場所にひし形の形象物1個

(b) 押している船舶と船首方向に押されている船舶とが結合して一体となつている場合には，当該2隻の船舶は，1隻の動力船とみなし，前条に定める灯火を表示しなければならない。

(c) 物件を船首方向に押し又は接げんして引いている動力船は，結合して一体となつている場合を除くほか，次の灯火を表示しなければならない。

(i) 前条(a)(i)又は(ii)に定める灯火を代えて垂直線上にマスト灯2個

(ii) げん灯1対

(iii) 船尾灯1個

(d) (a)又は(c)の規定が適用される動力船は，前条(a)(ii)の規定についても従わなければならない。

(e) 引かれている船舶その他の物件（(g)の規定が適用されるものを除く。）は，次の灯火又は形象物を表示しなければならない。

(i) げん灯1対

(ii) 船尾灯1個

(iii) (a)(i)に規定する長さが200メートルを超える場合には，最も見えやすい場所にひし形の形象物1個

(f) 船舶は，

(i) 船首方向に押されている場合において，押している船舶と結合して一体となつている状態にないときは，前端にげん灯1対を表示しなければならない。

(ii) 接げんして引かれている場合には，船尾灯1個及び前端にげん灯1対を表示しなければならない。

もつとも，2隻以上の船舶が一団となつて接げんして引かれ又は押され

ている場合には，これらの船舶は，1 隻の船舶として灯火を表示しなければならない。

(g) 目につきにくく一部が水に沈んでいる状態の引かれている船舶その他の物件又は当該物件の連結体は，次の灯火又は形象物を表示しなければならない。

(i) 当該物件又は当該物件の連結体の幅が 25 メートル未満の場合には，前端又はその付近及び後端又はその付近にそれぞれ白色の全周灯 1 個。ただし，ドラコーンは，前端又はその付近に灯火を表示することを要しない。

(ii) 当該物件又は当該物件の連結体の幅が 25 メートル以上の場合には，その幅の両端又はその付近にそれぞれ追加の白色の全周灯 1 個

(iii) 当該物件又は当該物件の連結体の長さが 100 メートルを超える場合には，(i)及び(ii)に定める灯火の間に 100 メートルを超えない間隔で追加の白色の全周灯

(iv) 最後部の引かれている船舶その他の物件の後端又はその付近にひし形の形象物 1 個。(a)(i)に規定する長さが 200 メートルを超える場合には，実行可能な限り前方の最も見えやすい場所に追加のひし形の形象物 1 個

(h) 引かれている船舶その他の物件がやむを得ない事由により(e)又は(g)に定める灯火又は形象物を表示することができない場合には，当該物件を照明するため又は少なくとも当該物件の存在を示すため，すべての可能な措置をとらなければならない。

(i) 通常えい航作業に従事していない船舶は，遭難その他の事由により救助を必要としている船舶をえい航する場合においてやむを得ない事由により(a)又は(c)に定める灯火を表示することができないときは，これらの灯火を表示することを要しない。ただし，引いている船舶と引かれている船舶がえい航関係にあることを示すため，えい航索の照明等第 36 条の規定により認められるすべての可能な措置をとらなければならない。

第25条　航行中の帆船及びろかいを用いている船舶

(a) 航行中の帆船は，次の灯火を表示しなければならない。

(i) げん灯 1 対

(ii) 船尾灯 1 個

(b) 長さが20メートル未満の帆船は，(a)に定める灯火を結合して一の灯火とし，マストの最上部又はその付近の最も見えやすい場所に設置することができる。

(c) 航行中の帆船は，(a)に定める灯火のほか，マストの最上部又はその付近の最も見えやすい場所に，紅色の全周灯1個及びその下方に緑色の全周灯1個を垂直線上に表示することができる。ただし，これらの灯火は，(b)に定める灯火とともに表示してはならない。

(d)(i) 長さ7メートル未満の帆船は，実行可能な場合には，(a)又は(b)に定める灯火を表示しなければならない。ただし，これらの灯火を表示しない場合には，白色の携帯電灯又は点火した白灯を，直ちに使用することができるように備えておかなければならず，また，衝突を防ぐために十分な時間，表示しなければならない。

(ii) ろかいを用いている船舶は，この条に定める帆船の灯火を表示することができる。ただし，当該灯火を表示しない場合には，白色の携帯電灯又は白灯を，直ちに使用することができるように備えておかなければならず，また，衝突を防ぐために十分な時間，表示しなければならない。

(e) 帆を用いて進行している船舶であつて同時に推進機関を用いて推進しているものは，その前部の最も見えやすい場所に，円すい形の形象物1個を頂点を下にして表示しなければならない。

第26条　漁　船

(a) 漁ろうに従事している船舶は，航行中及びびよう泊中において，この条に定める灯火又は形象物のみを表示しなければならない。

(b) トロール（けた網その他の漁具を水中で引くことにより行う漁法をいう。）により漁ろうに従事している船舶は，次の灯火又は形象物を表示しなければならない。

(i) 垂直線上に，緑色の全周灯1個及びその下方に白色の全周灯1個又は垂直線上に2個の円すい形の形象物をこれらの頂点で上下に結合した形象物1個。

(ii) (i)に定める緑色の全周灯よりも後方かつ高い位置にマスト灯1個。ただし，長さ50メートル未満の船舶は，この灯火を表示することを要しない。

(iii) 対水速力を有する場合には，(i)及び(ii)に定める灯火のほか，げん灯1対及び船尾灯1個

(c) トロール以外の漁法により漁ろうに従事している船舶は，次の灯火又は形象物を表示しなければならない。

(i) 垂直線上に，紅色の全周灯1個及びその下方に白色の全周灯1個又は垂直線上に2個の円すい形の形象物をこれらの頂点で上下に結合した形象物1個。

(ii) 漁具を水平距離 150 メートルを超えて船外に出している場合には，漁具を出している方向に白色の全周灯1個又は頂点を上にした円すい形の形象物1個

(iii) 対水速力を有する場合には，(i)及び(ii)に定める灯火のほか，げん灯1対及び船尾灯1個

(d) 附属書IIの規定は，他の漁ろうに従事している船舶と著しく近接して漁ろうに従事している船舶の追加の信号について適用する。

(e) 漁船は，漁ろうに従事していない場合には，この条に定める灯火又は形象物を表示してはならず，当該漁船の長さと等しい長さの他の船舶について定められた灯火又は形象物を表示しなければならない。

第27条　運転が自由でない状態にある船舶及び操縦性能が制限されている船舶

(a) 運転が自由でない状態にある船舶は，次の灯火又は形象物を表示しなければならない。

(i) 最も見えやすい場所に垂直線上に紅色の全周灯2個

(ii) 最も見えやすい場所に垂直線上に，球形の形象物又はこれに類似した形象物2個

(iii) 対水速力を有する場合には，(i)に定める灯火のほか，げん灯1対及び船尾灯1個

(b) 掃海作業に従事している船舶以外の船舶で操縦性能が制限されているものは，次の灯火又は形象物を表示しなければならない。

(i) 最も見えやすい場所に垂直線上に，白色の全周灯1個及びその上下にそれぞれ紅色の全周灯1個

(ii)　最も見えやすい場所に垂直線上に，ひし形の形象物1個及びその上下にそれぞれ球形の形象物1個

(iii)　対水速力を有する場合には，(i)に定める灯火のほか，マスト灯1個又は2個，げん灯1対及び船尾灯1個

(iv)　びよう泊中においては，(i)又は(ii)に定める灯火又は形象物のほか，第30条に定める灯火又は形象物

(c)　引いている船舶及び引かれている物件が進路から離れることを著しく制限するようなえい航作業に従事している動力船は，第24条(a)に定める灯火又は形象物のほか，(b)(i)又は(ii)に定める灯火又は形象物を表示しなければならない。

(d)　しゅんせつ又は水中作業に従事している操縦性能が制限されている船舶は，(b)(i)，(ii)又は(iii)に定める灯火又は形象物のほか，障害物がある場合には，次の灯火又は形象物を表示しなければならない。

(i)　障害物がある側のげんを示すために，垂直線上に紅色の全周灯2個又は球形の形象物2個

(ii)　他の船舶が通航することができる側のげんを示すために，垂直線上に緑色の全周灯2個又はひし形の形象物2個

(iii)　びよう泊中においては，第30条に定める灯火又は形象物に代えて(i)及び(ii)に定める灯火又は形象物

(e)　潜水作業に従事している船舶は，その船舶の大きさのため(d)に定めるすべての灯火又は形象物を表示することができない場合には，次の灯火又は信号板を表示しなければならない。

(i)　最も見えやすい場所に垂直線上に，白色の全周灯1個及びその上下にそれぞれ紅色の全周灯1個

(ii)　1メートル以上の高さに周囲から視認することができるように，国際信号書に規定する「A」旗を示す信号板

(f)　掃海作業に従事している船舶は，第23条に定める動力船の灯火又は第30条に定めるびよう泊している船舶の灯火若しくは形象物のほか，緑色の全周灯3個又は球形の形象物3個を表示しなければならない。これらの灯火又は形象物のいずれか1個は，前部マストの最上部付近に表示しなければならず，

残りの灯火又は形象物は，当該前部マストのヤードの両端に表示しなければならない。これらの灯火又は形象物は，他の船舶が掃海作業に従事している船舶から1000メートル以内に接近することが危険であることを示す。

(g)　潜水作業に従事している船舶以外の船舶で長さ12メートル未満のものは，この条に定める灯火又は形象物を表示することを要しない。

(h)　この条に定める信号は，船舶が遭難して救助を求めるための信号ではない。遭難信号は，附属書Ⅳに定める。

第28条　喫水による制約を受けている船舶

喫水による制約を受けている船舶は，第23条に定める動力船の灯火のほか，最も見えやすい場所に，垂直線上に紅色の全周灯3個又は円筒形の形象物1個を表示することができる。

第29条　水先船

(a)　水先業務に従事している船舶は，次の灯火又は形象物を表示しなければならない。

(i)　マストの最上部又はその付近に垂直線上に，白色の全周灯1個及びその下方に紅色の全周灯1個

(ii)　航行中においては，(i)に定める灯火のほか，げん灯1対及び船尾灯1個

(iii)　びよう泊中においては，(i)に定める灯火のほか，びよう泊している船舶について次条に定める灯火1個若しくは2個又は形象物1個

(b)　水先船は，水先業務に従事していない場合には，当該水先船の長さと等しい長さの同種の船舶について定められた灯火又は形象物を表示しなければならない。

第30条　びよう泊している船舶及び乗り揚げている船舶

(a)　びよう泊している船舶は，最も見えやすい場所に次の灯火又は形象物を表示しなければならない。

(i)　前部に，白色の全周灯1個又は球形の形象物1個

(ii)　船尾又はその付近に，(i)に定める灯火よりも低い位置に白色の全周灯1個

(b) 長さ 50 メートル未満の船舶は，(a)に定める灯火に代えて最も見えやすい場所に白色の全周灯1個を表示することができる。

(c) びよう泊している船舶は，また，甲板を照明するため作業灯又はこれに類似した灯火を使用することができるものとし，当該船舶の長さが 100 メートル以上である場合には，甲板を照明するため作業灯又はこれに類似した灯火を使用しなければならない。

(d) 乗り揚げている船舶は，(a)又は(b)に定める灯火を表示するものとし，更に，最も見えやすい場所に次の灯火又は形象物を表示しなければならない。

(i) 垂直線上に紅色の全周灯2個

(ii) 垂直線上に球形の形象物3個

(e) 長さ7メートル未満の船舶は，狭い水道，航路筋若しくはびよう地若しくはそれらの付近又は他の船舶が通常航行する水域においてびよう泊している場合を除くほか，(a)又は(b)に定める灯火又は形象物を表示することを要しない。

(f) 長さ 12 メートル未満の船舶は，乗り揚げている場合においても，(d)(i)又は(ii)に定める灯火又は形象物を表示することを要しない。

第31条　水上航空機

水上航空機又は表面効果翼船は，この部に定める特性を有する灯火又は形象物をこの部に定める位置に表示することができない場合には，特性又は位置についてできる限りこの部の規定に準じて灯火又は形象物を表示しなければならない。

※　同条は仮訳である。2003年（平成15年）11月29日発効した。

D部　音響信号及び発光信号

第32条　定　義

(a)　「汽笛」とは，この規則に定める吹鳴を発することができる音響信号装置であつて，附属書Ⅲに定める基準に適合するものをいう。

(b)　「短音」とは，約1秒間継続する吹鳴をいう。

(c)　「長音」とは，4秒以上6秒以下の時間継続する吹鳴をいう。

第33条　音響信号設備

(a)　長さ12メートル以上の船舶は，汽笛を備えなければならず，長さ20メートル以上の船舶は汽笛及び号鐘を備えなければならず，長さ100メートル以上の船舶は，この号鐘と混同されることがない音調を有するどらを備えなければならない。汽笛，号鐘及びどらは，附属書Ⅲに定める基準に適合するものでなければならない。号鐘又はどらは，それぞれ号鐘又はどらと同様の音響特性を有する他の設備に代えることができるものとし，この場合において，当該他の設備は，この規則に定める信号を常に手動で行うことができるものでなければならない。

※　(a)は仮訳である。2003年（平成15年）11月29日発効した。

(b)　長さ12メートル未満の船舶は，(a)の音響信号設備を備えることを要しない。もつとも，当該船舶は，その音響信号設備を備えない場合には，有効な音響による信号を行うことができる他の手段を備えなければならない。

第34条　操船信号及び警告信号

(a)　船舶が互いに他の船舶の視野の内にある場合において，航行中の動力船がこの規則の規定により認められ又は必要とされる操縦を行つているときは，当該動力船は，汽笛を用いて次の信号を行わなければならない。

針路を右に転じているときは，短音1回

針路を左に転じているときは，短音2回

推進機関を後進にかけているときは，短音3回

(b) 動力船は，(a)の操縦を行つている場合には，次の(i)から(iii)までの規定による発光信号を必要に応じ反復して行うことにより，(a)に定める汽笛信号を補うことができる。

(i) 発光信号の種類は，次のとおりとする。

針路を右に転じているときは，せん光1回

針路を左に転じているときは，せん光2回

推進機関を後進にかけているときは，せん光3回

(ii) せん光の継続時間及びせん光とせん光との間隔は，約1秒とする。信号を反復して行う場合の信号間の間隔は，10秒以上とする。

(iii) 信号に使用する灯火は，少なくとも5海里の視認距離を有する白色の全周灯であつて附属書Iの規定に適合するものでなければならない。

(c) 狭い水道又は航路筋において船舶が互いに他の船舶の視野の内にある場合には，

(i) 他の船舶を追い越そうとする船舶は，第9条(e)(i)の規定に従い，汽笛を用いて次の信号を行うことによりその意図を示さなければならない。

他の船舶の右げん側を追い越そうとするときは，長音2回に引き続く短音1回

他の船舶の左げん側を追い越そうとするときは，長音2回に引き続く短音2回

(ii) 追い越される船舶は，第9条(e)(i)の規定に従い，汽笛を用いて次の信号を行うことにより追い越されることに対する同意を示さなければならない。

順次に長音1回，短音1回，長音1回及び短音1回

(d) 互いに他の船舶の視野の内にある船舶が互いに接近する場合において，何らかの事由によりいずれか一の船舶が他の船舶の意図若しくは動作を理解することができないとき又は他の船舶が衝突を避けるために十分な動作をとつているかどうか疑わしいときは，当該一の船舶は，汽笛を用いて少なくとも5回の短音を急速に鳴らすことにより，その疑問を直ちに示さなければならない。この信号は，少なくとも5回のせん光を急速に発する発光信号によつて補うことができる。

(e) 水道又は航路筋において，障害物のために他の船舶を見ることができない

わん曲部その他の水域に接近する船舶は，長音1回を鳴らさなければならない。当該船舶に接近するいかなる船舶も，この信号をわん曲部の付近又は障害物の背後において聞いた場合には，長音1回を鳴らして応答しなければならない。

(f)　船舶は，その一の汽笛が他の汽笛から100メートルを超える距離に設置されている場合において操船信号又は警告信号を行うときは，これらの汽笛のうちいずれか一の汽笛のほか使用してはならない。

第35条　視界が制限されている状態における音響信号

この条に定める信号は，視界が制限されている状態にある水域又はその付近において，昼間であるか夜間であるかを問わず，次のとおり行わなければならない。

(a)　航行中の動力船は，対水速力を有する場合には，2分を超えない間隔で長音1回を鳴らさなければならない。

(b)　航行中の動力船は，対水速力を有しない場合には，約2秒の間隔の2回の長音を2分を超えない間隔で鳴らさなければならない。

(c)　運転が自由でない状態にある船舶，操縦性能が制限されている船舶，喫水による制約を受けている船舶，帆船，漁ろうに従事している船舶又は他の船舶を引き若しくは押している船舶は，(a)又は(b)に定める信号に代えて，2分を超えない間隔で，長音1回に引き続く短音2回を鳴らさなければならない。

(d)　びよう泊中の漁ろうに従事している船舶及びびよう泊中の作業を行つている操縦性能が制限されている船舶は，(g)に定める信号に代えて(c)に定める信号を行わなければならない。

(e)　引かれている船舶（2隻以上ある場合には，最後部の船舶）は，乗組員がいる場合には，2分を超えない間隔で，長音1回に引き続く短音3回を鳴らさなければならない。この信号は，実行可能な場合には，引いている船舶が行う信号の直後に行わなければならない。

(f)　押している船舶と船首方向に押されている船舶とが結合して一体となつている場合には，当該2隻の船舶は，1隻の動力船とみなし，(a)又は(b)に定める信号を行わなければならない。

(g)　びよう泊している船舶は，1分を超えない間隔で，号鐘を約5秒間急速に鳴らさなければならない。当該船舶は，その長さが100メートル以上である場合には，この信号を前部において行い，かつ，その直後に後部においてどらを約5秒間急速に鳴らさなければならない。当該船舶は，更に，接近してくる他の船舶に対し自船の位置及び衝突の可能性を警告するため，順次に，短音1回，長音1回及び短音1回を鳴らすことができる。

(h) 乗り揚げている船舶は，(g)の規定に従つて，号鐘による信号及び必要な場合にはどらによる信号を行い，更に，号鐘によるその信号の直前及び直後に，号鐘を明確に3回点打しなければならない。当該船舶は，更に，適当な汽笛信号を行うことができる。

(i) 長さ12メートル以上20メートル未満の船舶は，(g)及び(h)の号鐘による信号を行うことを要しない。もつとも，当該船舶は，これらの信号を行わない場合には，2分を超えない間隔で，他の有効な音響による信号を行わなければならない。

※ (i)は仮訳である。2003年（平成15年）11月29日発効した。

(j) 長さ12メートル未満の船舶は，(a)から(h)までに定める信号を行うことを要しない。もつとも，当該船舶は，これらの信号を行わない場合には，2分を超えない間隔で，他の有効な音響による信号を行わなければならない。

(k) 水先業務に従事している水先船は，(a)，(b)又は(g)に定める信号のほか，短音4回の識別信号を行うことができる。

第36条 注意喚起信号

船舶は，他の船舶の注意を喚起するため必要と認める場合には，この規則に定める信号と誤認されることのない発光信号又は音響信号を行うことができるものとし，他の船舶を眩(げん)惑させない方法により危険が存する方向に探照灯を照射することができる。他の船舶の注意を喚起するための灯火は，航行援助施設と誤認されることのないようなものでなければならない。この条の規定の適用上，ストロボのような点滅し又は回転する強力な灯火の使用は，避けなければならない。

第37条 遭難信号

船舶は，遭難して救助を求める場合には，附属書Ⅳに定める信号を使用し又は表示しなければならない。

E部　免　除

第38条　免　除

船舶は，この規則の効力発生前に，キールが据え付けられている場合又はこれに相当する建造段階にある場合には，1960 年の海上における衝突の予防のための国際規則の規定に従うことを条件として，次のとおりこの規則の規定の適用が免除される。

(a)　第 22 条に定める視認距離を有する灯火の設置については，この規則の効力発生の日以後 4 年間

(b)　附属書Ⅰ7 に定める色の基準に適合する灯火の設置については，この規則の効力発生の日以後 4 年間

(c)　フィート単位からメートル単位への変更及び数字の端数整理による灯火の位置の変更については，永久

(d)(i)　長さ 150 メートル未満の船舶が附属書Ⅰ3(a)の規定に従つて行うマスト灯の位置の変更については，永久

(ii)　長さ 150 メートル以上の船舶が附属書Ⅰ3(a)の規定に従つて行うマスト灯の位置の変更については，この規則の効力発生の日以後 9 年間

(e)　附属書Ⅰ2(b)の規定に従つて行うマスト灯の位置の変更については，この規則の効力発生の日以後 9 年間

(f)　附属書Ⅰ2(g)及び 3(b)の規定に従つて行うげん灯の位置の変更については，この規則の効力発生の日以後 9 年間

(g)　附属書Ⅲに定める音響信号装置に関する規定の適用については，この規則の効力発生の日以後 9 年間

(h)　附属書Ⅰ9(b)の規定に従つて行う全周灯の位置の変更については，永久

附属書Ⅰ

灯火及び形象物の位置及び技術基準

1 定義

「船体上の高さ」とは，最上層の全通甲板からの高さをいう。この高さは，灯火の位置の真下から測らなければならない。

2 灯火の垂直位置及び垂直間隔

(a) 長さ20メートル以上の動力船は，

(i) 前部のマスト灯（マスト灯を1個のみ設置する場合には，このマスト灯）を船体上6メートル以上（船舶の幅が6メートルを超える場合には，その幅の長さ以上）の高さの位置に設置しなければならない。ただし，船体上12メートルを超える高さの位置に設置することを要しない。

(ii) マスト灯を2個設置する場合には，後部のマスト灯を前部のマスト灯よりも少なくとも4.5メートル上方の位置に設置しなければならない。

(b) 動力船のマスト灯の垂直間隔は，すべての通常のトリムの状態において船首から1000メートル離れた海面から見た場合には，後部のマスト灯が前部のマスト灯の上方にかつこれと分離して見えるようなものでなければならない。

(c) 長さ12メートル以上20メートル未満の動力船は，マスト灯をげん縁上2.5メートル以上の高さの位置に設置しなければならない。

(d) 長さ12メートル未満の動力船は，最も上方の灯火をげん縁上2.5メートル未満の高さの位置に設置することができる。ただし，げん灯及び船尾灯のほかにマスト灯を設置する場合又はげん灯のほかに第23条(c)(i)に定める全周灯を設置する場合には，そのマスト灯又は全周灯をげん灯よりも少なくとも1メートル上方の位置に設置しなければならない。

(e) 他の船舶を引き又は押している動力船について定められた2個又は3個のマスト灯のうちいずれか1個は，動力船の前部又は後部のマスト灯の位置と同一の位置に設置しなければならない。ただし，後部のマスト灯の位置と同一の位置に設置する場合には，最も下方の後部のマスト灯は，前部のマスト灯の少なくとも4.5メートル上方の位置に設置しなければならない。

(f)(i)　規則第23条(a)に定めるマスト灯は，(ii)に定める場合を除くほか，他のすべての灯火及び障害物の上方にかつこれらによつて妨げられないような位置に設置しなければならない。

(ii)　規則第27条(b)(i)又は第28条に定める全周灯をマスト灯の下方に設置することができない場合には，これらの灯火を後部のマスト灯の上方又は前部のマスト灯の高さと後部のマスト灯の高さとの間の高さの位置に設置することができる。もつとも，前部のマスト灯の高さと後部のマスト灯の高さとの間の高さの位置に設置する場合には，**3**(c)の規定に従わなければならない。

(g)　動力船は，げん灯を前部のマスト灯の船体上の高さの4分の3以下の船体上の高さの位置に設置しなければならず，甲板灯によつて妨げられるような低い位置に設置してはならない。

(h)　長さ20メートル未満の動力船は，げん灯を結合して一の灯火として設置する場合には，当該灯火をマスト灯よりも1メートル以上下方の位置に設置しなければならない。

(i)　規則が2個又は3個の灯火を垂直線上に表示することを定めている場合には，

(i)　長さ20メートル以上の船舶は，これらの灯火を2メートル以上隔てて設置しなければならず，また，最も下方の灯火（引き船灯が要求されている場合におけるその下方の灯火を除く。）を船体上4メートル以上の高さの位置に設置しなければならない。

(ii)　長さ20メートル未満の船舶は，これらの灯火を1メートル以上隔てて設置しなければならず，また，最も下方の灯火（引き船灯が要求されている場合におけるその下方の灯火を除く。）をげん縁上2メートル以上の高さの位置に設置しなければならない。

(iii)　3個の灯火の間隔は，等しくなければならない。

(j)　漁ろうに従事している船舶について定められた垂直線上の2個の全周灯の

うち下方のものは，げん灯よりも上方に当該2個の全周灯の間隔の2倍以上の高さの位置に設置しなければならない。

(k) 船舶は，びよう泊灯2個を設置する場合には，規則第30条(a)(i)に定める前部のびよう泊灯を後部のびよう泊灯よりも4.5メートル以上上方の位置に設置しなければならない。長さ50メートル以上の船舶は，前部のびよう泊灯を船体上6メートル以上の高さの位置に設置しなければならない。

3 灯火の水平位置及び水平間隔

(a) 動力船が2個のマスト灯を設置する場合には，これらのマスト灯の間の水平距離は，当該動力船の長さの2分の1以上でなければならないが，100メートルを超えることを要しない。前部の灯火は，船首から船舶の長さの4分の1以内の位置に設置しなければならない。

(b) 長さ20メートル以上の動力船は，げん灯を前部のマスト灯の前方に設置してはならず，げん側又はその付近に設置しなければならない。

(c) 規則第27条(b)(i)又は第28条に定める全周灯を前部のマスト灯の高さと後部のマスト灯の高さとの間の高さの位置に設置する場合には，これらの全周灯を船舶の縦中心線から水平距離2メートル以上の位置に設置しなければならない。

(d) 動力船がマスト灯を1個のみ設置する場合には，この灯火を船体中央部より前方に表示しなければならない。ただし，長さ20メートル未満の船舶は，この灯火を船体中央部より前方に表示することを要しないが，実行可能な限り前方に表示しなければならない。

4 漁船，しゆんせつ船及び水中作業に従事している船舶の方向指示灯の位置

(a) 漁ろうに従事している船舶から船外に出している漁具の方向を示す灯火（規則第26条(c)(ii)に定めるもの）は，紅色の全周灯及び白色の全周灯から水平距離2メートル以上6メートル以下の位置に設置しなければならず，また，規則第26条(c)(i)に定める白色の全周灯よりも高くなく，かつ，げん灯よりも低くない位置に設置しなければならない。

(b) しゆんせつ又は水中作業に従事している船舶の灯火又は形象物であつて，障害物がある側のげん又は安全に通航することができる側のげんを示すもの

（規則第27条(d)(i)及び(ii)に定める灯火又は形象物）は，規則第27条(b)(i)又は(ii)に定める灯火又は形象物から実行可能な最大限度まで水平距離を長くして設置しなければならず，いかなる場合においても，その距離は，2メートル未満であつてはならない。同条(d)(i)及び(ii)に定める灯火又は形象物のうち上方のものは，いかなる場合においても，同条(b)(i)又は(ii)に定める3個の灯火又は形象物のうち最も下方のものより高い位置に設置してはならない。

5 げん灯の隔板

長さ20メートル以上の船舶のげん灯は，つや消し黒色の塗装を施した内側隔板を取り付けなければならず，また，**9**に定める要件に適合するものでなければならない。長さ20メートル未満の船舶のげん灯は，**9**に定める要件に適合するために必要な場合には，つや消し黒色の塗装を施した内側隔板を取り付けなければならない。ただし，結合して一の灯火としたげん灯は，単一の垂直フィラメントを使用しており，かつ，その緑色の部分と紅色の部分との間に非常に狭い仕切りがある場合には，その外部に隔板を取り付けることを要しない。

6 形象物

(a) 形象物は，黒色のものでなければならず，また，

(i) 球形のものである場合には，直径が0.6メートル以上のものでなければならない。

(ii) 円すい形のものである場合には，底の直径が0.6メートル以上であり，かつ，高さがその直径に等しいものでなければならない。

(iii) 円筒形のものである場合には，直径が0.6メートル以上であり，かつ，高さが直径の2倍のものでなければならない。

(iv) ひし形のものである場合には，(ii)に定める円すい形の形象物2個を互いにその底で上下に結合したものでなければならない。

(b) 形象物の間の垂直距離は，1.5メートル以上でなければならない。

(c) 長さ20メートル未満の船舶は，(a)に定める形象物より小さいが当該船舶の大きさに適した形象物を用いることができるものとし，また，それに応じて，これらの形象物の間の垂直距離を(b)に定める垂直距離よりも減ずることができる。

7　灯火の色の基準

すべての航海灯の色度は，国際照明委員会（CIE）の色度図のそれぞれの色に対応する領域内になければならない。それぞれの色に対応する領域の境界は，次の直角座標によつて示される。

(i)　白色

x	0.525	0.525	0.452	0.310	0.310	0.443
y	0.382	0.440	0.440	0.348	0.283	0.382

(ii)　緑色

x	0.028	0.009	0.300	0.203
y	0.385	0.723	0.511	0.356

(iii)　紅色

x	0.680	0.660	0.735	0.721
y	0.320	0.320	0.265	0.259

(iv)　黄色

x	0.612	0.618	0.575	0.575
y	0.382	0.382	0.425	0.406

8　灯火の光度

(a)　灯火の最小限度の光度は，次の公式を用いて計算しなければならない。

$$I = 3.43 \times 10^6 \times T \times D^2 \times K^{-D}$$

Iは，通常使用する状態における光度とし，カンデラで表す。

Tは，閾(いき)値とし，2×10^{-7} ルックスとする。

Dは，灯火の視認距離（光達距離）とし，海里で表す。

Kは，大気の透過率とし，気象学的視程約 13 海里に相当する 0.8 とする。

(b)　公式から求められた数値は，次の表に掲げるとおりである。

灯火の視認距離（光達距離） D（海里）	灯火の光度（Kを 0.8 とした場合） I（カンデラ）
1	0.9
2	4.3
3	12

4	27
5	52
6	94

（注）　航海灯の最大限度の光度は，過度にまぶしくならないように制限しなければならない。この場合において，光度の可変調節による制限を行つてはならない。

9　水平射光範囲

(a)(i)　船舶に設置したげん灯は，前方方向において，必要な最小限度の光度を示さなければならない。げん灯の光度は，定められた射光範囲の外側1度から3度までの間において実際上その光がしや断されるように減じなければならない。

(ii)　船尾灯，マスト灯及び正横後 22.5 度の方向におけるげん灯は，必要な最小限度の光度を規則第 21 条に定める射光範囲の内側 5 度に至るまでの水平の弧にわたつて維持しなければならない。これらの灯火の光度は，その射光範囲の内側 5 度からその射光範囲の境界に至るまでの間においては，50 パーセントまで減ずることができるものとし，また，その射光範囲の外側5度以内において実際上これらの光がしや断されるように確実に減じなければならない。

(b)(i)　全周灯は，6 度を超える角度の射光範囲がマスト，トップマスト又は，構造物によつて妨げられないような位置に設置しなければならない。ただし，規則第 30 条に定めるびよう泊灯は，実行に適さない船体上の高さの位置に設置することを要しない。

(ii)　全周灯1個のみを表示することによつては(b)(i)の規定に適合させることができない場合には，全周灯 2 個を実行可能な範囲において，1 海里の距離から1個の灯火として視認されるように適切な位置に設置し又は隔板を取り付けて使用しなければならない。

10　垂直射光範囲

(a)　電気式灯火（航行中の帆船の灯火を除く。）は，

(i)　必要な最小限度の光度を水平面に対して上下にそれぞれ5度の間において維持しなければならない。

(ii)　必要な最小限度の光度の少なくとも 60 パーセントを水平面に対して上下にそれぞれ7.5度の間において維持しなければならない。

(b)　航行中の帆船の電気式灯火は，

(i)　必要な最小限度の光度を水平面に対して上下にそれぞれ5度の間において維持しなければならない。

(ii)　必要な最小限度の光度の少なくとも 50 パーセントを水平面に対して上下にそれぞれ25度の間において維持しなければならない。

(c)　電気式灯火以外の灯火は，(a)又は(b)に定める基準にできる限り適合するものでなければならない。

11　電気式灯火以外の灯火の光度

電気式灯火以外の灯火は，**8**の表に掲げる最小限度の光度を実行可能な限り遵守しなければならない。

12　操船信号灯

2(f)の規定にかかわらず，規則第 34 条(b)に定める操船信号灯は，マスト灯と同一の船首尾垂直面に設置しなければならず，また，実行可能な限り前部のマスト灯よりも上方に垂直距離2メートル以上の高さの位置に設置しなければならないが，この場合において，後部のマスト灯よりも上方又は下方に垂直距離2メートル未満の高さの位置に設置してはならない。マスト灯を1個のみ設置する船舶は，操船信号灯を設置する場合には，マスト灯から垂直距離2メートル以上離れた最も見えやすい高さの位置に設置しなければならない。

13　高速船*

(a)　高速船のマスト灯は，この附属書の**2**(a)(i)に定める高さよりも低い船舶の幅に関係する高さの位置に設置することができる。ただし，げん灯及びマスト灯を頂点とする二等辺三角形を当該船舶の船体中心線に垂直な面に投影した二等辺三角形の底角が27度以上となる場合に限る。

(b)　長さ 50 メートル以上の高速船は，この附属書の**2**(a)(ii)によつて定められる前部のマスト灯及び主マスト灯間の垂直間隔 4.5 メートルは，次の公式によつて定められる値以上で修正することができる。

$$y = \frac{(a + 17\ \Psi)C}{1000} + 2$$

y：前部マスト灯より上方に主マスト灯までの高さ（メートル）

a：航海状態における水面より上方の前部マスト灯の高さ（メートル）

Ψ：航海状態におけるトリム角（度）

C：主マスト灯の水平分離距離（メートル）

* 1994年の高速船に関する国際規則及び2000年の高速船に関する国際規則を参照

※ (a)(b)は仮訳である。2003年（平成15年）11月29日発効した。

14 承認

灯火及び形象物の構造並びに船舶への灯火の設置については，当該船舶の旗国の権限のある当局が十分であると認めるものでなければならない。

附属書Ⅱ

著しく近接して漁ろうに従事している船舶の追加の信号

1 総則

この附属書Ⅱに定める灯火は，規則第 26 条(d)の規定に基づいて表示する場合には，最も見えやすい場所に設置しなければならない。これらの灯火は，相互に 0.9 メートル以上隔てて，同条(b)(i)又は(c)(i)に定める灯火よりも低い位置に設置しなければならず，また，少なくとも 1 海里離れた周囲から視認することができるものであつて，かつ，その視認距離が漁ろうに従事している船舶について定められた灯火の視認距離よりも短いものでなければならない。

2 トロール漁船の信号

(a) トロールにより漁ろうに従事している長さ 20 メートル以上の船舶は，深海用の漁具を使用しているか遠洋用の漁具を使用しているかを問わず，次の灯火を表示しなければならない。

(i) 投網を行つている場合には，垂直線上に白色の灯火 2 個

(ii) 揚網を行つている場合には，垂直線上に，白色の灯火 1 個及びその下方に紅色の灯火 1 個

(iii) 網が障害物に絡み付いている場合には，垂直線上に紅色の灯火 2 個

(b) 二そうびきのトロールにより漁ろうに従事している長さ 20 メートル以上の船舶は，それぞれ，

(i) 夜間においては，対をなしている他方の船舶の進行方向を示すように探照灯を照射しなければならない。

(ii) 投網若しくは揚網を行つている場合又は網が障害物に絡み付いている場合には，(a)に定める灯火を表示しなければならない。

(c) 深海用の漁具を使用しているか遠洋用の漁具を使用しているかを問わず，トロールにより漁ろうに従事し又は二そうびきのトロールにより漁ろうに従事している長さ 20 メートル未満の船舶は，(a)又は(b)に定める適当な灯火を表示することができる。

3 きんちやく網漁船の信号

きんちやく網を用いて漁ろうに従事している船舶は，垂直線上に黄色の灯火2 個を表示することができる。これらの灯火は，1 秒ごとに交互にせん光を発するものであつて，かつ，それぞれの明間と暗間とが等しいものでなければならない。これらの灯火は，船舶が漁具により操縦性能を制限されている場合以外の場合には，表示してはならない。

附属書Ⅲ

音響信号装置の技術基準

1 汽笛

(a) 周波数及び可聴距離

信号音の基本周波数は70ヘルツから700ヘルツまでの範囲内とする。信号音の汽笛からの可聴距離は，長さ20メートル以上の船舶に対しては180ヘルツから700ヘルツまで（正負1パーセント）の周波数（基本周波数又はその倍音を含む。），又は長さ20メートル未満の船舶に対しては180ヘルツから2100ヘルツまで（正負1パーセント）の周波数（基本周波数又はその倍音を含む。）であつて，(c)に定める音圧を与える周波数によつて決定しなければならない。

※ (a)は仮訳である。2003年（平成15年）11月29日発効した。

(b) 基本周波数の範囲

汽笛音の特性の多様性を確保するため，汽笛音の基本周波数は，次の範囲内のものでなければならない。

(i) 長さ200メートル以上の船舶の場合には，70ヘルツから200ヘルツまで

(ii) 長さ75メートル以上200メートル未満の船舶の場合には，130ヘルツから350ヘルツまで

(iii) 長さ75メートル未満の船舶の場合には，250ヘルツから700ヘルツまで

(c) 音響信号の音の強さ及び可聴距離

船舶に設置される汽笛は，長さ20メートル以上の船舶の場合には180ヘルツから700ヘルツまで（正負1パーセント）の範囲内に，又は長さ20メートル未満の船舶の場合には180ヘルツから2100ヘルツまで（正負1パーセント）の範囲内に中心周波数を有する3分の1オクターブバンドのうち，いずれか一により測定した場合に，信号音の最も強い方向に，かつ，汽笛からの距離が1メートルの位置において，少なくとも次の表に掲げる値の音圧を有しなければならない。

<table>
<tr><th>船舶の長さ
(メートル)</th><th>距離1メートルにおいて3分の1オクターブバンドにより測定した音圧
(デシベル (2 × 10^{-5} N/m^2 を基準とする。))</th><th>可聴距離
(海里)</th></tr>
<tr><td>200以上</td><td>143</td><td>2</td></tr>
<tr><td>75以上200未満</td><td>138</td><td>1.5</td></tr>
<tr><td>20以上75未満</td><td>130</td><td>1</td></tr>
<tr><td rowspan="3">20未満</td><td>120*</td><td rowspan="3">0.5</td></tr>
<tr><td>115**</td></tr>
<tr><td>111***</td></tr>
</table>

*　測定した周波数が180ヘルツから 450ヘルツまでの場合
**　測定した周波数が450ヘルツから 800ヘルツまでの場合
***　測定した周波数が800ヘルツから2100ヘルツまでの場合

※ (c)は仮訳である。2003年（平成15年）11月29日発効した。

(d) 指向特性

指向性を有する汽笛の音の音圧は，軸を含む水平面におけるその軸から左右45度以内のあらゆる方向において，軸方向の音圧よりも4デシベルを超えて減少してはならず，また，軸を含む水平面における他のあらゆる方向において，その汽笛音の可聴距離が軸方向の2分の1未満とならないように軸方向の音圧よりも10デシベルを超えて減少してはならない。その音圧は，可聴距離を決定する3分の1オクターブバンドによつて測定しなければならない。

(e) 汽笛の位置

指向性を有する汽笛は，船舶において唯一の汽笛として用いられる場合には，正船首方向の音圧が最も強くなるように設置しなければならない。

汽笛は，発せられた音が障害物によつて妨害されないように，また，乗組員の聴覚の障害のおそれがないように実行可能な限り高く設置しなければならない。自船の信号音の音圧は，その聴取場所において，110デシベル(A)を超えてはならず，また，実行可能な限り 100 デシベル(A)を超えないようにしなければならない。

(f)　2 以上の汽笛の設置

一の汽笛が他の汽笛から 100 メートルを超える距離に設置されている場合には，これらが同時に吹鳴を発しないようにしておかなければならない。

(g)　複合汽笛装置

障害物の存在のため，一の汽笛又は(f)に規定する汽笛のうちいずれか一の汽笛の音の音圧が大幅に減少する区域が生ずるおそれのある場合には，音圧の減少を避けるために複合汽笛装置を設置することが勧奨される。規則の適用上，複合汽笛装置は，単一の汽笛とみなす。複合汽笛装置の汽笛は，これらの汽笛の間の距離を 100 メートル以下として，かつ，同時に音響を発するように設置しなければならない。複合汽笛装置の一の汽笛の音の周波数と他の汽笛の音の周波数との差は，10 ヘルツ以上でなければならない。

2　号鐘又はどら

(a)　信号音の強さ

号鐘若しくはどら又はこれらと同様の音響特性を有するその他の設備は，1 メートル離れた位置で測定した場合において，110 デシベル以上の音圧の音を発するものでなければならない。

(b)　構造

号鐘及びどらは，耐食性の材料を用い，かつ，澄んだ音色を発するように設計されたものでなければならない。号鐘の呼び径は，長さ 20 メートル以上の船舶の場合には，300 ミリメートル以上でなければならない。動力式の号鐘の打子は，実効可能な場合には，一定の力で打つことができるものであることが勧奨されるが，手動操作が可能なものでなければならない。号鐘の打子の質量は，号鐘の質量の 3 パーセント以上でなければならない。

※　(b)は仮訳である。2003 年（平成 15 年）11 月 29 日発効した。

3　承認

音響信号装置の構造，性能及び船舶への設置については，当該船舶の旗国の権限のある当局が十分であると認めるものでなければならない。

附属書Ⅳ

遭難信号

1　次の信号は，同時に又は個別に使用し又は表示することにより，遭難して救助を必要とすることを示すものとする。

(a)　約1分の間隔で行う1回の発砲その他の爆発による信号

(b)　霧中信号器による連続音響の信号

(c)　短時間の間隔で発射され，赤色の星火を発するロケット又はりゆう弾による信号

(d)　無線電信その他の信号方法によるモールス符号の「--- ——— ---」(SOS) の信号

(e)　無線電話による「メーデー」という語の信号

(f)　国際信号書に規定する「N」旗及び「C」旗によつて示される遭難信号

(g)　方形旗であつて，その上方又は下方に球又はこれに類似するものが1個付いたものの信号

(h)　船舶上の火炎（タールおけ，油たる等の燃焼によるもの）による信号

(i)　落下さんの付いた赤色の炎火ロケット又は赤色の手持炎火による信号

(j)　オレンジ色の煙を発する発煙信号

(k)　左右に伸ばした腕を繰り返しゆつくり上下させる信号

(l)　無線電信による警急信号

(m)　無線電話による警急信号

(n)　非常用の位置指示無線標識による信号

(o)　無線通信システム（救命用の端艇及びいかだ用のレーダー・トランスポンダーを含む。）による信号であつて，承認されたもの

2　遭難して救助を必要とすることを示す目的以外の目的に1の信号を使用し又は表示すること及びこの信号と混同されることがある他の信号を使用することは，禁止される。

3　国際信号書の関連事項，船舶捜索救助便覧及び次の信号に注意が払われるものとする。

(a)　空からの識別のために，黒色の方形及び円又は他の適当な表象のいずれかを施したオレンジ色の帆布

(b)　染料標識

海上衝突予防法

〔昭和五十二年六月一日
法律第六十二号〕

改正
昭和五八年　四月　五日法律第　二二号
平成　七年　三月一七日同　第　三〇号
同　一一年一二月二二日同　第一六〇号
同　一五年　六月　四日同　第　六三号

目次

第一章　総則

（目的）

第一条　この法律は、千九百七十二年の海上における衝突の予防のための国際規則に関する条約に添付されている千九百七十二年の海上における衝突の予防のための国際規則の規定に準拠して、船舶の遵守すべき航法、表示すべき灯火及び形象物並びに行うべき信号に関し必要な事項を定めることにより、海上における船舶の衝突を予防し、もつて船舶交通の安全を図ることを目的とする。

（適用船舶）

第二条　この法律は、海洋及びこれに接続する航洋船が航行することができる水域の水上にある次条第一項に規定する船舶について適用する。

（定義）

第三条　この法律において「船舶」とは、水上輸送の用に供する船舟類（水上航空機を含む。）をいう。

2　この法律において「動力船」とは、機関を用いて推進する船舶（機関のほか帆を用いて推進する船舶であつて帆のみを用いて推進しているものを除く。）をいう。

3　この法律において「帆船」とは、帆のみを用いて推進する船舶及び機関のほか帆を用いて推進する船舶であつて帆のみを用いて推進しているものをいう。

4　この法律において「漁ろうに従事している船舶」とは、船舶の操縦性能を制限する網、なわその他の漁具を用いて漁ろうをしている船舶（操縦性能制限船に該当するものを除く。）をいう。

5　この法律において「水上航空機」とは、水上を移動することができる航空機をいい、「水上航空機等」とは、水上航空機及び特殊高速船（第二十三条第三項に規定する特殊高速船をいう。）をいう。

6　この法律において「運転不自由船」とは、船舶の操縦性能を制限する故障その他の異常な事態が生じているため他の船舶の進路を避けることができない船舶をいう。

7　この法律において「操縦性能制限船」とは、次に掲げる作業その他の船舶の操縦性能を制限する作業に従事しているため他の船舶の進路を避けることができない船舶をいう。

一　航路標識、海底電線又は海底パイプラインの敷設、保守又は引揚げ

二　しゆんせつ、測量その他の水中作業

三　航行中における補給、人の移乗又は貨物の積替え

四　航空機の発着作業

五　掃海作業

六　船舶及びその船舶に引かれている船舶その他の物件がその進路から離れることを著しく制限するえい航作業

8　この法律において「喫水制限船」とは、船舶の喫水と水深との関係によりその進路から離れることが著しく制限されている動力船をいう。

9　この法律において「航行中」とは、船舶がびよう泊（係船浮標又はびよう泊をしている船舶にする係留を含む。以下同じ。）をし、陸岸に係留をし、又は乗り揚げていない状態をいう。

10　この法律において「長さ」とは、船舶の全長をいう。

11　この法律において「互いに他の船舶の視野の内にある」とは、船舶が互いに視覚によつて他の船舶を見ることができる状態にあることをいう。

12　この法律において「視界制限状態」とは、霧、もや、降雪、暴風雨、砂あらしその他これらに類する事由により視界が制限されている状態をいう。

第二章　航法

第一節　あらゆる視界の状態における船舶の航法

（適用船舶）
第四条　この節の規定は、あらゆる視界の状態における船舶について適用する。

（見張り）
第五条　船舶は、周囲の状況及び他の船舶との衝突のおそれについて十分に判断することができるように、視覚、聴覚及びその時の状況に適した他のすべての手段により、常時適切な見張りをしなければならない。

（安全な速力）
第六条　船舶は、他の船舶との衝突を避けるための適切かつ有効な動作をとること又はその時の状況に適した距離で停止することができるように、常時安全な速力で航行しなければならない。この場合において、その速力の決定に当たつては、特に次に掲げる事項（レーダーを使用していない船舶にあつては、第一号から第六号までに掲げる事項）を考慮しなければならない。

一　視界の状態
二　船舶交通のふくそうの状況
三　自船の停止距離、旋回性能その他の操縦性能
四　夜間における陸岸の灯火、自船の灯火の反射等による灯光の存在
五　風、海面及び海潮流の状態並びに航路障害物に接近した状態
六　自船の喫水と水深との関係
七　自船のレーダーの特性、性能及び探知能力の限界
八　使用しているレーダーレンジによる制約
九　海象、気象その他の干渉原因がレーダーによる探知に与える影響
十　適切なレーダーレンジでレーダーを使用する場合においても小型船舶及び氷塊その他の漂流物を探知することができないときがあること。
十一　レーダーにより探知した船舶の数、位置及び動向
十二　自船と付近にある船舶その他の物件との距離をレーダーで測定することにより視界の状態を正確に把(は)握することができる場合があること。

（衝突のおそれ）
第七条　船舶は、他の船舶と衝突するおそれがあるかどうかを判断するため、その時の状況に適したすべての手段を用いなければならない。

2　レーダーを使用している船舶は、他の船舶と衝突するおそれがあることを早期に知るための長距離レーダーレンジによる走査、探知した物件のレーダープロッティングその他の系統的な観察等を行うことにより、当該レーダーを適切に用いなければならない。

3　船舶は、不十分なレーダー情報その他の不十分な情報に基づいて他の船舶と衝突するおそれがあるかどうかを判断してはならない。

4　船舶は、接近してくる他の船舶のコンパス方位に明確な変化が認められない場合は、これと衝突するおそれがあると判断しなければならず、また、接近してくる他の船舶のコンパス方位に明確な変化が認められる場合においても、大型船舶若しくはえい航作業に従事している船舶に接近し、又は近距離で他の船舶に接近するときは、これと衝突するおそれがあり得ることを考慮しなければならない。

5　船舶は、他の船舶と衝突するおそれがあるかどうかを確かめることができない場合は、これと衝突するおそれがあると判断しなければならない。

（衝突を避けるための動作）
第八条　船舶は、他の船舶との衝突を避けるための動作をとる場合は、できる限り、十分に余裕のある時期に、船舶の運用上の適切な慣行に従つてためらわずにその動作をとらなければならない。

2　船舶は、他の船舶との衝突を避けるための針路又は速力の変更を行う場合は、できる限り、その変更を他の船舶が容易に認めることができるように大幅に行わなければならない。

3　船舶は、広い水域において針路の変更を行う場合においては、それにより新たに他の船舶に著しく接近することとならず、かつ、それが適切な時期に大幅に行われる限り、針路のみの変更が他の船舶に著しく接近することを避けるための最も有効な動作となる場合があることを考慮しなければならない。

4　船舶は、他の船舶との衝突を避けるための動作をとる場合は、他の船舶との間に安全な距離を保つて通過することができるようにその動作をとらなければならない。この場合において、船舶は、その動作の効果を当該他の船舶が通過して十分に遠ざかるまで慎重に確かめなければならない。

5　船舶は、周囲の状況を判断するため、又は他の船舶との衝突を避けるために必要な場合は、速力を減じ、又は機関の運転を止め、若しくは機関を後進にかけることにより停止しなければならない。

（狭い水道等）
第九条　狭い水道又は航路筋（以下「狭い水道等」という。）をこれに沿つて航行する船舶は、安全であり、かつ、実行に適する限り、狭い水道等の右側端に寄つて航行しなければならない。ただし、次条第

二項の規定の適用がある場合は、この限りでない。

2　航行中の動力船（漁ろうに従事している船舶を除く。次条第六項及び第十八条第一項において同じ。）は、狭い水道等において帆船の進路を避けなければならない。ただし、この規定は、帆船が狭い水道等の内側でなければ安全に航行することができない動力船の通航を妨げることができることとするものではない。

3　航行中の船舶（漁ろうに従事している船舶を除く。次条第七項において同じ。）は、狭い水道等において漁ろうに従事している船舶の進路を避けなければならない。ただし、この規定は、漁ろうに従事している船舶が狭い水道等の内側を航行している他の船舶の通航を妨げることができることとするものではない。

4　第十三条第二項又は第三項の規定による追越し船は、狭い水道等において、追い越される船舶が自船を安全に通過させるための動作をとらなければこれを追い越すことができない場合は、汽笛信号を行うことにより追越しの意図を示さなければならない。この場合において、当該追い越される船舶は、その意図に同意したときは、汽笛信号を行うことによりそれを示し、かつ、当該追越し船を安全に通過させるための動作をとらなければならない。

5　船舶は、狭い水道等の内側でなければ安全に航行することができない他の船舶の通航を妨げることとなる場合は、当該狭い水道等を横切つてはならない。

6　長さ二十メートル未満の動力船は、狭い水道等の内側でなければ安全に航行することができない他の動力船の通航を妨げてはならない。

7　第二項から前項までの規定は、第四条の規定にかかわらず、互いに他の船舶の視野の内にある船舶について適用する。

8　船舶は、障害物があるため他の船舶を見ることができない狭い水道等のわん曲部その他の水域に接近する場合は、十分に注意して航行しなければならない。

9　船舶は、狭い水道においては、やむを得ない場合を除き、びよう泊をしてはならない。

（分離通航方式）

第十条　この条の規定は、千九百七十二年の海上における衝突の予防のための国際規則に関する条約（以下「条約」という。）に添付されている千九百七十二年の海上における衝突の予防のための国際規則（以下「国際規則」という。）第一条(d)の規定により国際海事機関が採択した分離通航方式について適用する。

2　船舶は、分離通航帯を航行する場合は、この法律の他の規定に定めるもののほか、次の各号に定めるところにより、航行しなければならない。

一　通航路をこれについて定められた船舶の進行方向に航行すること。

二　分離線又は分離帯からできる限り離れて航行すること。

三　できる限り通航路の出入口から出入すること。ただし、通航路の側方から出入する場合は、その通航路について定められた船舶の進行方向に対しできる限り小さい角度で出入しなければならない。

3　船舶は、通航路を横断してはならない。ただし、やむを得ない場合において、その通航路について定められた船舶の進行方向に対しできる限り直角に近い角度で横断するときは、この限りでない。

4　船舶（動力船であつて長さ二十メートル未満のもの及び帆船を除く。）は、沿岸通航帯に隣接した分離通航帯の通航路を安全に通過することができる場合は、やむを得ない場合を除き、沿岸通航帯を航行してはならない。

5　通航路を横断し、又は通航路に出入する船舶以外の船舶は、次に掲げる場合その他やむを得ない場合を除き、分離帯に入り、又は分離線を横切つてはならない。

一　切迫した危険を避ける場合

二　分離帯において漁ろうに従事する場合

6　航行中の動力船は、通航路において帆船の進路を避けなければならない。ただし、この規定は、帆船が通航路をこれに沿つて航行している動力船の安全な通航を妨げることができることとするものではない。

7　航行中の船舶は、通航路において漁ろうに従事している船舶の進路を避けなければならない。ただし、この規定は、漁ろうに従事している船舶が通航路をこれに沿つて航行している他の船舶の通航を妨げることができることとするものではない。

8　長さ二十メートル未満の動力船は、通航路をこれに沿つて航行している他の動力船の安全な通航を妨げてはならない。

9　前三項の規定は、第四条の規定にかかわらず、互いに他の船舶の視野の内にある船舶について適用する。

10　船舶は、分離通航帯の出入口付近においては、十分に注意して航行しなければならない。

11　船舶は、分離通航帯及びその出入口付近において

は、やむを得ない場合を除き、びょう泊をしてはならない。

12 分離通航帯を航行しない船舶は、できる限り分離通航帯から離れて航行しなければならない。

13 第二項、第三項、第五項及び第十一項の規定は、操縦性能制限船であつて、分離通航帯において船舶の航行の安全を確保するための作業又は海底電線の敷設、保守若しくは引揚げのための作業に従事しているものについては、当該作業を行うために必要な限度において適用しない。

14 海上保安庁長官は、第一項に規定する分離通航方式の名称、その分離通航方式について定められた分離通航帯、通航路、分離線、分離帯及び沿岸通航帯の位置その他分離通航方式に関し必要な事項を告示しなければならない。

第二節 互いに他の船舶の視野の内にある船舶の航法

（適用船舶）

第十一条 この節の規定は、互いに他の船舶の視野の内にある船舶について適用する。

（帆船）

第十二条 二隻の帆船が互いに接近し、衝突するおそれがある場合における帆船の航法は、次の各号に定めるところによる。ただし、第九条第三項、第十条第七項又は第十八条第二項若しくは第三項の規定の適用がある場合は、この限りでない。

一 二隻の帆船の風を受けるげんが異なる場合は、左げんに風を受ける帆船は、右げんに風を受ける帆船の進路を避けなければならない。

二 二隻の帆船の風を受けるげんが同じである場合は、風上の帆船は、風下の帆船の進路を避けなければならない。

三 左げんに風を受ける帆船は、風上に他の帆船を見る場合において、当該他の帆船の風を受けるげんが左げんであるか右げんであるかを確かめることができないときは、当該他の帆船の進路を避けなければならない。

2 前項第二号及び第三号の規定の適用については、風上は、メインスル（横帆船にあつては、最大の縦帆）の張つている側の反対側とする。

（追越し船）

第十三条 追越し船は、この法律の他の規定にかかわらず、追い越される船舶を確実に追い越し、かつ、その船舶から十分に遠ざかるまでその船舶の進路を避けなければならない。

2 船舶の正横後二十二度三十分を超える後方の位置（夜間にあつては、その船舶の第二十一条第二項に規定するげん灯のいずれをも見ることができない位置）からその船舶を追い越す船舶は、追越し船とする。

3 船舶は、自船が追越し船であるかどうかを確かめることができない場合は、追越し船であると判断しなければならない。

（行会い船）

第十四条 二隻の動力船が真向かい又はほとんど真向かいに行き会う場合において衝突するおそれがあるときは、各動力船は、互いに他の動力船の左げん側を通過することができるようにそれぞれ針路を右に転じなければならない。ただし、第九条第三項、第十条第七項又は第十八条第一項若しくは第三項の規定の適用がある場合は、この限りでない。

2 動力船は、他の動力船を船首方向又はほとんど船首方向に見る場合において、夜間にあつては当該他の動力船の第二十三条第一項第一号の規定によるマスト灯二個を垂直線上若しくはほとんど垂直線上に見るとき、又は両側の同項第二号の規定によるげん灯を見るとき、昼間にあつては当該他の動力船をこれに相当する状態に見るときは、自船が前項に規定する状況にあると判断しなければならない。

3 動力船は、自船が第一項に規定する状況にあるかどうかを確かめることができない場合は、その状況にあると判断しなければならない。

（横切り船）

第十五条 二隻の動力船が互いに進路を横切る場合において衝突するおそれがあるときは、他の動力船を右げん側に見る動力船は、当該他の動力船の進路を避けなければならない。この場合において、他の動力船の進路を避けなければならない動力船は、やむを得ない場合を除き、当該他の動力船の船首方向を横切つてはならない。

2 前条第一項ただし書の規定は、前項に規定する二隻の動力船が互いに進路を横切る場合について準用する。

（避航船）

第十六条 この法律の規定により他の船舶の進路を避けなければならない船舶（次条において「避航船」という。）は、当該他の船舶から十分に遠ざかるため、できる限り早期に、かつ、大幅に動作をとらなければならない。

（保持船）

第十七条 この法律の規定により二隻の船舶のうち一隻の船舶が他の船舶の進路を避けなければならない場合は、当該他の船舶は、その針路及び速力を保た

なければならない。

2　前項の規定により針路及び速力を保たなければならない船舶（以下この条において「保持船」という。）は、避航船がこの法律の規定に基づく適切な動作をとつていないことが明らかになつた場合は、同項の規定にかかわらず、直ちに避航船との衝突を避けるための動作をとることができる。この場合において、これらの船舶について第十五条第一項の規定の適用があるときは、保持船は、やむを得ない場合を除き、針路を左に転じてはならない。

3　保持船は、避航船と間近に接近したため、当該避航船の動作のみでは避航船との衝突を避けることができないと認める場合は、第一項の規定にかかわらず、衝突を避けるための最善の協力動作をとらなければならない。

（各種船舶間の航法）

第十八条　第九条第二項及び第三項並びに第十条第六項及び第七項に定めるもののほか、航行中の動力船は、次に掲げる船舶の進路を避けなければならない。

一　運転不自由船

二　操縦性能制限船

三　漁ろうに従事している船舶

四　帆船

2　第九条第三項及び第十条第七項に定めるもののほか、航行中の帆船（漁ろうに従事している船舶を除く。）は、次に掲げる船舶の進路を避けなければならない。

一　運転不自由船

二　操縦性能制限船

三　漁ろうに従事している船舶

3　航行中の漁ろうに従事している船舶は、できる限り、次に掲げる船舶の進路を避けなければならない。

一　運転不自由船

二　操縦性能制限船

4　船舶（運転不自由船及び操縦性能制限船を除く。）は、やむを得ない場合を除き、第二十八条の規定による灯火又は形象物を表示している喫水制限船の安全な通航を妨げてはならない。

5　喫水制限船は、十分にその特殊な状態を考慮し、かつ、十分に注意して航行しなければならない。

6　水上航空機等は、できる限り、すべての船舶から十分に遠ざかり、かつ、これらの船舶の通航を妨げないようにしなければならない。

第三節　視界制限状態における船舶の航法

第十九条　この条の規定は、視界制限状態にある水域又はその付近を航行している船舶（互いに他の船舶の視野の内にあるものを除く。）について適用する。

2　動力船は、視界制限状態においては、機関を直ちに操作することができるようにしておかなければならない。

3　船舶は、第一節の規定による措置を講ずる場合は、その時の状況及び視界制限状態を十分に考慮しなければならない。

4　他の船舶の存在をレーダーのみにより探知した船舶は、当該他の船舶に著しく接近することとなるかどうか又は当該他の船舶と衝突するおそれがあるかどうかを判断しなければならず、また、他の船舶に著しく接近することとなり、又は他の船舶と衝突するおそれがあると判断した場合は、十分に余裕のある時期にこれらの事態を避けるための動作をとらなければならない。

5　前項の規定による動作をとる船舶は、やむを得ない場合を除き、次に掲げる針路の変更を行つてはならない。

一　他の船舶が自船の正横より前方にある場合（当該他の船舶が自船に追い越される船舶である場合を除く。）において、針路を左に転じること。

二　自船の正横又は正横より後方にある他の船舶の方向に針路を転じること。

6　船舶は、他の船舶と衝突するおそれがないと判断した場合を除き、他の船舶が行う第三十五条の規定による音響による信号を自船の正横より前方に聞いた場合又は自船の正横より前方にある他の船舶と著しく接近することを避けることができない場合は、その速力を針路を保つことができる最小限度の速力に減じなければならず、また、必要に応じて停止しなければならない。この場合において、船舶は、衝突の危険がなくなるまでは、十分に注意して航行しなければならない。

第三章　灯火及び形象物

（通則）

第二十条　船舶（船舶に引かれている船舶以外の物件を含む。以下この条において同じ。）は、この法律に定める灯火（以下この項及び次項において「法定灯火」という。）を日没から日出までの間表示しなければならず、また、この間は、次の各号のいずれにも該当する灯火を除き、法定灯火以外の灯火を表示してはならない。

一　法定灯火と誤認されることのない灯火であること。

二　法定灯火の視認又はその特性の識別を妨げることとならない灯火であること。

三　見張りを妨げることとならない灯火であるこ

と。

2　法定灯火を備えている船舶は、視界制限状態においては、日出から日没までの間にあつてもこれを表示しなければならず、また、その他必要と認められる場合は、これを表示することができる。

3　船舶は、昼間においてこの法律に定める形象物を表示しなければならない。

4　この法律に定めるもののほか、灯火及び形象物の技術上の基準並びにこれらを表示すべき位置については、国土交通省令で定める。

参　④国土交通省令＝則二・三・五〜一五・一七。

（定義）

第二十一条　この法律において「マスト灯」とは、二百二十五度にわたる水平の弧を照らす白灯であつて、その射光が正船首方向から各げん正横後二十二度三十分までの間を照らすように船舶の中心線上に装置されるものをいう。

2　この法律において「げん灯」とは、それぞれ百十二度三十分にわたる水平の弧を照らす紅灯及び緑灯の一対であつて、紅灯にあつてはその射光が正船首方向から左げん正横後二十二度三十分までの間を照らすように左げん側に装置される灯火をいい、緑灯にあつてはその射光が正船首方向から右げん正横後二十二度三十分までの間を照らすように右げん側に装置される灯火をいう。

3　この法律において「両色灯」とは、紅色及び緑色の部分からなる灯火であつて、その紅色及び緑色の部分がそれぞれげん灯の紅灯及び緑灯と同一の特性を有することとなるように船舶の中心線上に装置されるものをいう。

4　この法律において「船尾灯」とは、百三十五度にわたる水平の弧を照らす白灯であつて、その射光が正船尾方向から各げん六十七度三十分までの間を照らすように装置されるものをいう。

5　この法律において「引き船灯」とは、船尾灯と同一の特性を有する黄灯をいう。

6　この法律において「全周灯」とは、三百六十度にわたる水平の弧を照らす灯火をいう。

7　この法律において「せん光灯」とは、一定の間隔で毎分百二十回以上のせん光を発する全周灯をいう。

（灯火の視認距離）

第二十二条　次の表の上欄に掲げる船舶その他の物件が表示する灯火は、同表中欄に掲げる灯火の種類ごとに、同表下欄に掲げる距離以上の視認距離を得るのに必要な国土交通省令で定める光度を有するものでなければならない。

長さ五十メートル以上の船舶（他の動力船に引かれている航行中の船舶であつて、その相当部分が水没しているため視認が困難であるものを除く。）	マスト灯	六海里
	げん灯	三海里
	船尾灯	三海里
	引き船灯	三海里
	全周灯	三海里
長さ十二メートル以上五十メートル未満の船舶（他の動力船に引かれている航行中の船舶であつて、その相当部分が水没しているため視認が困難であるものを除く。）	マスト灯	五海里（長さ二十メートル未満の船舶にあつては、三海里）
	げん灯	二海里
	船尾灯	二海里
	引き船灯	二海里
	全周灯	二海里
長さ十二メートル未満の船舶（他の動力船に引かれている航行中の船舶であつて、その相当部分が水没しているため視認が困難であるものを除く。）	マスト灯	二海里
	げん灯	一海里
	船尾灯	二海里
	引き船灯	二海里
	全周灯	二海里
他の動力船に引かれている航行中の船舶その他の物件であつて、その相当部分が水没しているため視認が困難であるもの	全周灯	三海里

参　国土交通省令＝則四。

（航行中の動力船）

第二十三条　航行中の動力船（次条第一項、第二項、第四項若しくは第七項、第二十六条第一項若しくは第二項、第二十七条第一項から第四項まで若しくは第六項又は第二十九条の規定の適用があるものを除く。以下この条において同じ。）は、次に定めるところにより、灯火を表示しなければならない。

一　前部にマスト灯一個を掲げ、かつ、そのマスト灯よりも後方の高い位置にマスト灯一個を掲げること。ただし、長さ五十メートル未満の動力船は、後方のマスト灯を掲げることを要しない。

二　げん灯一対（長さ二十メートル未満の動力船にあつては、げん灯一対又は両色灯一個。第四項及び第五項並びに次条第一項第二号及び第二項第二号において同じ。）を掲げること。

三　できる限り船尾近くに船尾灯一個を掲げること。

2　水面から浮揚した状態で航行中のエアクッション船（船体の下方へ噴出する空気の圧力の反作用により水面から浮揚した状態で移動することができる動力船をいう。）は、前項の規定による灯火のほか、黄色のせん光灯一個を表示しなければならない。

3　特殊高速船（その有する速力が著しく高速であるものとして国土交通省令で定める動力船をいう。）は、第一項の規定による灯火のほか、紅色のせん光灯一個を表示しなければならない。

4　航行中の長さ十二メートル未満の動力船は、第一項の規定による灯火の表示に代えて、白色の全周灯一個及びげん灯一対を表示することができる。

5　航行中の長さ七メートル未満の動力船であつて、その最大速力が七ノットを超えないものは、第一項又は前項の規定による灯火の表示に代えて、白色の全周灯一個を表示することができる。この場合において、その動力船は、できる限りげん灯一対を表示しなければならない。

6　航行中の長さ十二メートル未満の動力船は、マスト灯を表示しようとする場合において、そのマスト灯を船舶の中心線上に装置することができないときは、マスト灯と同一の特性を有する灯火一個を船舶の中心線上の位置以外の位置に表示することをもつて足りる。

7　航行中の長さ十二メートル未満の動力船は、両色灯を表示しようとする場合において、マスト灯又は第四項若しくは第五項の規定による白色の全周灯を船舶の中心線上に装置することができないときは、その両色灯の表示に代えて、これと同一の特性を有する灯火一個を船舶の中心線上の位置以外の位置に表示することができる。この場合において、その灯火は、前項の規定によるマスト灯と同一の特性を有する灯火又は第四項若しくは第五項の規定による白色の全周灯が装置されている位置から船舶の中心線に平行に引いた直線上又はできる限りその直線の近くに掲げるものとする。

参　③国土交通省令＝則二一の二。

（航行中のえい航船等）

第二十四条　船舶その他の物件を引いている航行中の動力船（次項、第二十六条第一項若しくは第二項又は第二十七条第一項から第四項まで若しくは第六項の規定の適用があるものを除く。以下この項において同じ。）は、次に定めるところにより、灯火又は形象物を表示しなければならない。

一　次のイ又はロに定めるマスト灯を掲げること。ただし、長さ五十メートル未満の動力船は、イに定める後方のマスト灯を掲げることを要しない。

イ　前部に垂直線上にマスト灯二個（引いている船舶の船尾から引かれている船舶その他の物件の後端までの距離（以下この条において「えい航物件の後端までの距離」という。）が二百メートルを超える場合にあつては、マスト灯三個）及びこれらのマスト灯よりも後方の高い位置にマスト灯一個

ロ　前部にマスト灯一個及びこのマスト灯よりも後方の高い位置に垂直線上にマスト灯二個（えい航物件の後端までの距離が二百メートルを超える場合にあつては、マスト灯三個）

二　げん灯一対を掲げること。

三　できる限り船尾近くに船尾灯一個を掲げること。

四　前号の船尾灯の垂直線上の上方に引き船灯一個を掲げること。

五　えい航物件の後端までの距離が二百メートルを超える場合は、最も見えやすい場所にひし形の形象物一個を掲げること。

2　船舶その他の物件を押し、又は接げんして引いている航行中の動力船（第二十六条第一項若しくは第二項又は第二十七条第一項、第二項若しくは第四項の規定の適用があるものを除く。以下この項において同じ。）は、次に定めるところにより、灯火を表示しなければならない。

一　次のイ又はロに定めるマスト灯を掲げること。ただし、長さ五十メートル未満の動力船は、イに定める後方のマスト灯を掲げることを要しない。

イ　前部に垂直線上にマスト灯二個及びこれらのマスト灯よりも後方の高い位置にマスト灯一個

ロ　前部にマスト灯一個及びこのマスト灯よりも後方の高い位置に垂直線上にマスト灯二個

二　げん灯一対を掲げること。

三　できる限り船尾近くに船尾灯一個を掲げること。

3　遭難その他の事由により救助を必要としている船舶を引いている航行中の動力船であつて、通常はえい航作業に従事していないものは、やむを得ない事由により前二項の規定による灯火を表示することができない場合は、これらの灯火の表示に代えて、前条の規定による灯火を表示し、かつ、当該動力船が船舶を引いていることを示すため、えい航索の照明その他の第三十六条第一項の規定による他の船舶の注意を喚起するための信号を行うことをもつて足りる。

4　他の動力船に引かれている航行中の船舶その他の物件（第一項、第七項（第二号に係る部分に限る。）、第二十六条第一項若しくは第二項又は第二十七条第

二項から第四項までの規定の適用がある船舶及び次項の規定の適用がある船舶その他の物件を除く。以下この項において同じ。）は、次に定めるところにより、灯火又は形象物を表示しなければならない。

一　げん灯一対（長さ二十メートル未満の船舶その他の物件にあつては、げん灯一対又は両色灯一個）を掲げること。

二　できる限り船尾近くに船尾灯一個を掲げること。

三　えい航物件の後端までの距離が二百メートルを超える場合は、最も見えやすい場所にひし形の形象物一個を掲げること。

5　他の動力船に引かれている航行中の船舶その他の物件であつて、その相当部分が水没しているため視認が困難であるものは、次に定めるところにより、灯火又は形象物を表示しなければならない。この場合において、二以上の船舶その他の物件が連結して引かれているときは、これらの物件は、一個の物件とみなす。

一　前端又はその付近及び後端又はその付近に、それぞれ白色の全周灯一個を掲げること。ただし、石油その他の貨物を充てんして水上輸送の用に供するゴム製の容器は、前端又はその付近に白色の全周灯を掲げることを要しない。

二　引かれている船舶その他の物件の最大の幅が二十五メートル以上である場合は、両側端又はその付近にそれぞれ白色の全周灯一個を掲げること。

三　引かれている船舶その他の物件の長さが百メートルを超える場合は、前二号の規定による白色の全周灯の間に、百メートルを超えない間隔で白色の全周灯を掲げること。

四　後端又はその付近にひし形の形象物一個を掲げること。

五　えい航物件の後端までの距離が二百メートルを超える場合は、できる限り前方の最も見えやすい場所にひし形の形象物一個を掲げること。

6　前二項に規定する他の動力船に引かれている航行中の船舶その他の物件は、やむを得ない事由により前二項の規定による灯火又は形象物を表示することができない場合は、照明その他その存在を示すために必要な措置を講ずることをもつて足りる。

7　次の各号に掲げる船舶（第二十六条第一項若しくは第二項又は第二十七条第二項から第四項までの規定の適用があるものを除く。）は、それぞれ当該各号に定めるところにより、灯火を表示しなければならない。この場合において、二隻以上の船舶が一団となつて、押され、又は接げんして引かれているときは、これらの船舶は、一隻の船舶とみなす。

一　他の動力船に押されている航行中の船舶　前端にげん灯一対（長さ二十メートル未満の船舶にあつては、げん灯一対又は両色灯一個。次号において同じ。）を掲げること。

二　他の動力船に接げんして引かれている航行中の船舶　前端にげん灯一対を掲げ、かつ、できる限り船尾近くに船尾灯一個を掲げること。

8　押している動力船と押されている船舶とが結合して一体となつている場合は、これらの船舶を一隻の動力船とみなしてこの章の規定を適用する。

（航行中の帆船等）

第二十五条　航行中の帆船（前条第四項若しくは第七項、次条第一項若しくは第二項又は第二十七条第一項、第二項若しくは第四項の規定の適用があるものを除く。以下この条において同じ。）であつて、長さ七メートル以上のものは、げん灯一対（長さ二十メートル未満の帆船にあつては、げん灯一対又は両色灯一個。以下この条において同じ。）を表示し、かつ、できる限り船尾近くに船尾灯一個を表示しなければならない。

2　航行中の長さ七メートル未満の帆船は、できる限り、げん灯一対を表示し、かつ、できる限り船尾近くに船尾灯一個を表示しなければならない。ただし、これらの灯火又は次項に規定する三色灯を表示しない場合は、白色の携帯電灯又は点火した白灯を直ちに使用することができるように備えておき、他の船舶との衝突を防ぐために十分な時間これを表示しなければならない。

3　航行中の長さ二十メートル未満の帆船は、げん灯一対及び船尾灯一個の表示に代えて、三色灯（紅色、緑色及び白色の部分からなる灯火であつて、紅色及び緑色の部分にあつてはそれぞれげん灯の紅灯及び緑灯と、白色の部分にあつては船尾灯と同一の特性を有することとなるように船舶の中心線上に装置されるものをいう。）一個をマストの最上部又はその付近の最も見えやすい場所に表示することができる。

4　航行中の帆船は、げん灯一対及び船尾灯一個のほか、マストの最上部又はその付近の最も見えやすい場所に、紅色の全周灯一個を表示し、かつ、その垂直線上の下方に緑色の全周灯一個を表示することができる。ただし、これらの灯火を前項の規定による三色灯と同時に表示してはならない。

5　ろかいを用いている航行中の船舶は、前各項の規定による帆船の灯火を表示することができる。ただし、これらの灯火を表示しない場合は、白色の携帯

電灯又は点火した白灯を直ちに使用することができるように備えておき、他の船舶との衝突を防ぐために十分な時間これを表示しなければならない。

6　機関及び帆を同時に用いて推進している動力船（次条第一項若しくは第二項又は第二十七条第一項から第四項までの規定の適用があるものを除く。）は、前部の最も見えやすい場所に円すい形の形象物一個を頂点を下にして表示しなければならない。

（漁ろうに従事している船舶）

第二十六条　航行中又はびよう泊中の漁ろうに従事している船舶（次条第一項の規定の適用があるものを除く。以下この条において同じ。）であつて、トロール（けた網その他の漁具を水中で引くことにより行う漁法をいう。第四項において同じ。）により漁ろうをしているもの（以下この条において「トロール従事船」という。）は、次に定めるところにより、灯火又は形象物を表示しなければならない。

一　緑色の全周灯一個を掲げ、かつ、その垂直線上の下方に白色の全周灯一個を掲げること。

二　前号の緑色の全周灯よりも後方の高い位置にマスト灯一個を掲げること。ただし、長さ五十メートル未満の漁ろうに従事している船舶は、これを掲げることを要しない。

三　対水速力を有する場合は、げん灯一対（長さ二十メートル未満の漁ろうに従事している船舶にあつては、げん灯一対又は両色灯一個。次項第二号において同じ。）を掲げ、かつ、できる限り船尾近くに船尾灯一個を掲げること。

四　二個の同形の円すいをこれらの頂点で垂直線上の上下に結合した形の形象物一個を掲げること。

2　トロール従事船以外の航行中又はびよう泊中の漁ろうに従事している船舶は、次に定めるところにより、灯火又は形象物を表示しなければならない。

一　紅色の全周灯一個を掲げ、かつ、その垂直線上の下方に白色の全周灯一個を掲げること。

二　対水速力を有する場合は、げん灯一対を掲げ、かつ、できる限り船尾近くに船尾灯一個を掲げること。

三　漁具を水平距離百五十メートルを超えて船外に出している場合は、その漁具を出している方向に白色の全周灯一個又は頂点を上にした円すい形の形象物一個を掲げること。

四　二個の同形の円すいをこれらの頂点で垂直線上の上下に結合した形の形象物一個を掲げること。

3　長さ二十メートル以上のトロール従事船は、他の漁ろうに従事している船舶と著しく接近している場合は、第一項の規定による灯火のほか、次に定めるところにより、同項第一号の白色の全周灯よりも低い位置の最も見えやすい場所に灯火を表示しなければならない。この場合において、その灯火は、第二十二条の規定にかかわらず、一海里以上三海里未満（長さ五十メートル未満のトロール従事船にあつては、一海里以上二海里未満）の視認距離を得るのに必要な国土交通省令で定める光度を有するものでなければならない。

一　投網を行つている場合は、白色の全周灯二個を垂直線上に掲げること。

二　揚網を行つている場合は、白色の全周灯一個を掲げ、かつ、その垂直線上の下方に紅色の全周灯一個を掲げること。

三　網が障害物に絡み付いている場合は、紅色の全周灯二個を垂直線上に掲げること。

4　長さ二十メートル以上のトロール従事船であつて、二そうびきのトロールにより漁ろうをしているものは、他の漁ろうに従事している船舶と著しく接近している場合は、それぞれ、第一項及び前項の規定による灯火のほか、第二十条第一項及び第二項の規定にかかわらず、夜間において対をなしている他方の船舶の進行方向を示すように探照灯を照射しなければならない。

5　長さ二十メートル以上のトロール従事船以外の国土交通省令で定める漁ろうに従事している船舶は、他の漁ろうに従事している船舶と著しく接近している場合は、第一項又は第二項の規定による灯火のほか、国土交通省令で定める灯火を国土交通省令で定めるところにより表示することができる。

参　③国土交通省令＝則四・一二。⑤国土交通省令＝則一六。

（運転不自由船及び操縦性能制限船）

第二十七条　航行中の運転不自由船（第二十四条第四項又は第七項の規定の適用があるものを除く。以下この項において同じ。）は、次に定めるところにより、灯火又は形象物を表示しなければならない。ただし、航行中の長さ十二メートル未満の運転不自由船は、その灯火又は形象物を表示することを要しない。

一　最も見えやすい場所に紅色の全周灯二個を垂直線上に掲げること。

二　対水速力を有する場合は、げん灯一対（長さ二十メートル未満の運転不自由船にあつては、げん灯一対又は両色灯一個）を掲げ、かつ、できる限り船尾近くに船尾灯一個を掲げること。

三　最も見えやすい場所に球形の形象物二個又はこ

れに類似した形象物二個を垂直線上に掲げること。

2　航行中又はびよう泊中の操縦性能制限船（前項、次項、第四項又は第六項の規定の適用があるものを除く。以下この項において同じ。）は、次に定めるところにより、灯火又は形象物を表示しなければならない。

一　最も見えやすい場所に白色の全周灯一個を掲げ、かつ、その垂直線上の上方及び下方にそれぞれ紅色の全周灯一個を掲げること。

二　対水速力を有する場合は、マスト灯二個（長さ五十メートル未満の操縦性能制限船にあつては、マスト灯一個。第四項第二号において同じ。）及びげん灯一対（長さ二十メートル未満の操縦性能制限船にあつては、げん灯一対又は両色灯一個。同号において同じ。）を掲げ、かつ、できる限り船尾近くに船尾灯一個を掲げること。

三　最も見えやすい場所にひし形の形象物一個を掲げ、かつ、その垂直線上の上方及び下方にそれぞれ球形の形象物一個を掲げること。

四　びよう泊中においては、最も見えやすい場所に第三十条第一項各号の規定による灯火又は形象物を掲げること。

3　航行中の操縦性能制限船であつて、第三条第七項第六号に規定するえい航作業に従事しているもの（第一項の規定の適用があるものを除く。）は、第二十四条第一項各号並びに前項第一号及び第三号の規定による灯火又は形象物を表示しなければならない。

4　航行中又はびよう泊中の操縦性能制限船であつて、しゆんせつその他の水中作業（掃海作業を除く。）に従事しているもの（第一項の規定の適用があるものを除く。）は、その作業が他の船舶の通航の妨害となるおそれがある場合は、次の各号に定めるところにより、灯火又は形象物を表示しなければならない。

一　最も見えやすい場所に白色の全周灯一個を掲げ、かつ、その垂直線上の上方及び下方にそれぞれ紅色の全周灯一個を掲げること。

二　対水速力を有する場合は、マスト灯二個及びげん灯一対を掲げ、かつ、できる限り船尾近くに船尾灯一個を掲げること。

三　その作業が他の船舶の通航の妨害となるおそれがある側のげんを示す紅色の全周灯二個又は球形の形象物二個をそのげんの側に垂直線上に掲げること。

四　他の船舶が通航することができる側のげんを示す緑色の全周灯二個又はひし形の形象物二個をそのげんの側に垂直線上に掲げること。

五　最も見えやすい場所にひし形の形象物一個を掲げ、かつ、その垂直線上の上方及び下方にそれぞれ球形の形象物一個を掲げること。

5　前項に規定する操縦性能制限船であつて、潜水夫による作業に従事しているものは、その船体の大きさのために同項第二号から第五号までの規定による灯火又は形象物を表示することができない場合は、次に定めるところにより、灯火又は信号板を表示することをもつて足りる。

一　最も見えやすい場所に白色の全周灯一個を掲げ、かつ、その垂直線上の上方及び下方にそれぞれ紅色の全周灯一個を掲げること。

二　国際海事機関が採択した国際信号書に定めるA旗を表す信号板を、げん縁上一メートル以上の高さの位置に周囲から見えるように掲げること。

6　航行中又はびよう泊中の操縦性能制限船であつて、掃海作業に従事しているものは、次に定めるところにより、灯火又は形象物を表示しなければならない。

一　当該船舶から千メートル以内の水域が危険であることを示す緑色の全周灯三個又は球形の形象物三個を掲げること。この場合において、これらの全周灯三個又は球形の形象物三個のうち、一個は前部マストの最上部付近に掲げ、かつ、他の二個はその前部マストのヤードの両端に掲げること。

二　航行中においては、第二十三条第一項各号の規定による灯火を掲げること。

三　びよう泊中においては、最も見えやすい場所に第三十条第一項各号の規定による灯火又は形象物を掲げること。

7　航行中又はびよう泊中の長さ十二メートル未満の操縦性能制限船（潜水夫による作業に従事しているものを除く。）は、第二項から第四項まで及び前項の規定による灯火又は形象物を表示することを要しない。

（喫水制限船）

第二十八条　航行中の喫水制限船（第二十三条第一項の規定の適用があるものに限る。）は、同項各号の規定による灯火のほか、最も見えやすい場所に紅色の全周灯三個又は円筒形の形象物一個を垂直線上に表示することができる。

（水先船）

第二十九条　航行中又はびよう泊中の水先船であつて、水先業務に従事しているものは、次に定めるところにより、灯火又は形象物を表示しなければならない。

一　マストの最上部又はその付近に白色の全周灯一個を掲げ、かつ、その垂直線上の下方に紅色の全周灯一個を掲げること。
二　航行中においては、げん灯一対（長さ二十メートル未満の水先船にあつては、げん灯一対又は両色灯一個）を掲げ、かつ、できる限り船尾近くに船尾灯一個を掲げること。
三　びよう泊中においては、最も見えやすい場所に次条第一項各号の規定による灯火又は形象物を掲げること。

（びよう泊中の船舶及び乗り揚げている船舶）
第三十条　びよう泊中の船舶（第二十六条第一項若しくは第二項、第二十七条第二項、第四項若しくは第六項又は前条の規定の適用があるものを除く。次項及び第四項において同じ。）は、次に定めるところにより、最も見えやすい場所に灯火又は形象物を表示しなければならない。
一　前部に白色の全周灯一個を掲げ、かつ、できる限り船尾近くにその全周灯よりも低い位置に白色の全周灯一個を掲げること。ただし、長さ五十メートル未満の船舶は、これらの灯火に代えて、白色の全周灯一個を掲げることができる。
二　前部に球形の形象物一個を掲げること。
2　びよう泊中の船舶は、作業灯又はこれに類似した灯火を使用してその甲板を照明しなければならない。ただし、長さ百メートル未満の船舶は、その甲板を照明することを要しない。
3　乗り揚げている船舶は、次に定めるところにより、最も見えやすい場所に灯火又は形象物を表示しなければならない。
一　前部に白色の全周灯一個を掲げ、かつ、できる限り船尾近くにその全周灯よりも低い位置に白色の全周灯一個を掲げること。ただし、長さ五十メートル未満の船舶は、これらの灯火に代えて、白色の全周灯一個を掲げることができる。
二　紅色の全周灯二個を垂直線上に掲げること。
三　球形の形象物三個を垂直線上に掲げること。
4　長さ七メートル未満のびよう泊中の船舶は、そのびよう泊をしている水域が、狭い水道等、びよう地若しくはこれらの付近又は他の船舶が通常航行する水域である場合を除き、第一項の規定による灯火又は形象物を表示することを要しない。
5　長さ十二メートル未満の乗り揚げている船舶は、第三項第二号又は第三号の規定による灯火又は形象物を表示することを要しない。

（水上航空機等）
第三十一条　水上航空機等は、この法律の規定による灯火又は形象物を表示することができない場合は、その特性又は位置についてできる限りこの法律の規定に準じてこれを表示しなければならない。

第四章　音響信号及び発光信号

（定義）
第三十二条　この法律において「汽笛」とは、この法律に規定する短音及び長音を発することができる装置をいう。
2　この法律において「短音」とは、約一秒間継続する吹鳴をいう。
3　この法律において「長音」とは、四秒以上六秒以下の時間継続する吹鳴をいう。

（音響信号設備）
第三十三条　船舶は、汽笛及び号鐘（長さ百メートル以上の船舶にあつては、汽笛並びに号鐘及びこれと混同しない音調を有するどら）を備えなければならない。ただし、号鐘又はどらは、それぞれこれと同一の音響特性を有し、かつ、この法律の規定による信号を手動により行うことができる他の設備をもつて代えることができる。
2　長さ二十メートル未満の船舶は、前項の号鐘（長さ十二メートル未満の船舶にあつては、同項の汽笛及び号鐘）を備えることを要しない。ただし、これらを備えない場合は、有効な音響による信号を行うことができる他の手段を講じておかなければならない。
3　この法律に定めるもののほか、汽笛、号鐘及びどらの技術上の基準並びに汽笛の位置については、国土交通省令で定める。

参　③国土交通省令＝則一八～二〇。

（操船信号及び警告信号）
第三十四条　航行中の動力船は、互いに他の船舶の視野の内にある場合において、この法律の規定によりその針路を転じ、又はその機関を後進にかけているときは、次の各号に定めるところにより、汽笛信号を行わなければならない。
一　針路を右に転じている場合は、短音を一回鳴らすこと。
二　針路を左に転じている場合は、短音を二回鳴らすこと。
三　機関を後進にかけている場合は、短音を三回鳴らすこと。
2　航行中の動力船は、前項の規定による汽笛信号を行わなければならない場合は、次の各号に定めるところにより、発光信号を行うことができる。この場合において、その動力船は、その発光信号を十秒以

上の間隔で反復して行うことができる。

一　針路を右に転じている場合は、せん光を一回発すること。

二　針路を左に転じている場合は、せん光を二回発すること。

三　機関を後進にかけている場合は、せん光を三回発すること。

3　前項のせん光の継続時間及びせん光とせん光との間隔は、約一秒とする。

4　船舶は、互いに他の船舶の視野の内にある場合において、第九条第四項の規定による汽笛信号を行うときは、次の各号に定めるところにより、これを行わなければならない。

一　他の船舶の右げん側を追い越そうとする場合は、長音二回に引き続く短音一回を鳴らすこと。

二　他の船舶の左げん側を追い越そうとする場合は、長音二回に引き続く短音二回を鳴らすこと。

三　他の船舶に追い越されることに同意した場合は、順次に長音一回、短音一回、長音一回及び短音一回を鳴らすこと。

5　互いに他の船舶の視野の内にある船舶が互いに接近する場合において、船舶は、他の船舶の意図若しくは動作を理解することができないとき、又は他の船舶が衝突を避けるために十分な動作をとつていることについて疑いがあるときは、直ちに急速に短音を五回以上鳴らすことにより汽笛信号を行わなければならない。この場合において、その汽笛信号を行う船舶は、急速にせん光を五回以上発することにより発光信号を行うことができる。

6　船舶は、障害物があるため他の船舶を見ることができない狭い水道等のわん曲部その他の水域に接近する場合は、長音一回の汽笛信号を行わなければならない。この場合において、その船舶に接近する他の船舶は、そのわん曲部の付近又は障害物の背後においてその汽笛信号を聞いたときは、長音一回の汽笛信号を行うことによりこれに応答しなければならない。

7　船舶は、二以上の汽笛をそれぞれ百メートルを超える間隔を置いて設置している場合において、第一項又は前三項の規定による汽笛信号を行うときは、これらの汽笛を同時に鳴らしてはならない。

8　第二項及び第五項後段の規定による発光信号に使用する灯火は、五海里以上の視認距離を有する白色の全周灯とし、その技術上の基準及び位置については、国土交通省令で定める。

参　⑧国土交通省令＝則二一。

（視界制限状態における音響信号）

第三十五条　視界制限状態にある水域又はその付近における船舶の信号については、次項から第十三項までに定めるところによる。

2　航行中の動力船（第四項又は第五項の規定の適用があるものを除く。次項において同じ。）は、対水速力を有する場合は、二分を超えない間隔で長音を一回鳴らすことにより汽笛信号を行わなければならない。

3　航行中の動力船は、対水速力を有しない場合は、約二秒の間隔の二回の長音を二分を超えない間隔で鳴らすことにより汽笛信号を行わなければならない。

4　航行中の船舶（帆船、漁ろうに従事している船舶、運転不自由船、操縦性能制限船及び喫水制限船（他の動力船に引かれているものを除く。）並びに他の船舶を引き、及び押している動力船に限る。）は、二分を超えない間隔で、長音一回に引き続く短音二回を鳴らすことにより汽笛信号を行わなければならない。

5　他の動力船に引かれている航行中の船舶（二隻以上ある場合は、最後部のもの）は、乗組員がいる場合は、二分を超えない間隔で、長音一回に引き続く短音三回を鳴らすことにより汽笛信号を行わなければならない。この場合において、その汽笛信号は、できる限り、引いている動力船が行う前項の規定による汽笛信号の直後に行わなければならない。

6　びよう泊中の長さ百メートル以上の船舶（第八項の規定の適用があるものを除く。）は、その前部において、一分を超えない間隔で急速に号鐘を約五秒間鳴らし、かつ、その後部において、その直後に急速にどらを約五秒間鳴らさなければならない。この場合において、その船舶は、接近してくる他の船舶に対し自船の位置及び自船との衝突の可能性を警告する必要があるときは、順次に短音一回、長音一回及び短音一回を鳴らすことにより汽笛信号を行うことができる。

7　びよう泊中の長さ百メートル未満の船舶（次項の規定の適用があるものを除く。）は、一分を超えない間隔で急速に号鐘を約五秒間鳴らさなければならない。この場合において、前項後段の規定を準用する。

8　びよう泊中の漁ろうに従事している船舶及び操縦性能制限船は、二分を超えない間隔で、長音一回に引き続く短音二回を鳴らすことにより汽笛信号を行わなければならない。

9　乗り揚げている長さ百メートル以上の船舶は、そ

の前部において、一分を超えない間隔で急速に号鐘を約五秒間鳴らすとともにその直前及び直後に号鐘をそれぞれ三回明確に点打し、かつ、その後部において、その号鐘の最後の点打の直後に急速にどらを約五秒間鳴らさなければならない。この場合において、その船舶は、適切な汽笛信号を行うことができる。

10　乗り揚げている長さ百メートル未満の船舶は、一分を超えない間隔で急速に号鐘を約五秒間鳴らすとともにその直前及び直後に号鐘をそれぞれ三回明確に点打しなければならない。この場合において、前項後段の規定を準用する。

11　長さ十二メートル以上二十メートル未満の船舶は、第七項及び前項の規定による信号を行うことを要しない。ただし、その信号を行わない場合は、二分を超えない間隔で他の手段を講じて有効な音響による信号を行わなければならない。

12　長さ十二メートル未満の船舶は、第二項から第十項まで（第六項及び第九項を除く。）の規定による信号を行うことを要しない。ただし、その信号を行わない場合は、二分を超えない間隔で他の手段を講じて有効な音響による信号を行わなければならない。

13　第二十九条に規定する水先船は、第二項、第三項又は第七項の規定による信号を行う場合は、これらの信号のほか短音四回の汽笛信号を行うことができる。

14　押している動力船と押されている船舶とが結合して一体となつている場合は、これらの船舶を一隻の動力船とみなしてこの章の規定を適用する。

（注意喚起信号）

第三十六条　船舶は、他の船舶の注意を喚起するために必要があると認める場合は、この法律に規定する信号と誤認されることのない発光信号又は音響による信号を行い、又は他の船舶を眩惑させない方法により危険が存する方向に探照灯を照射することができる。

2　前項の規定による発光信号又は探照灯による照射は、船舶の航行を援助するための施設の灯火と誤認されるものであつてはならず、また、ストロボ等による点滅し、又は回転する強力な灯火を使用して行つてはならない。

（遭難信号）

第三十七条　船舶は、遭難して救助を求める場合は、国土交通省令で定める信号を行わなければならない。

2　船舶は、遭難して救助を求めていることを示す目的以外の目的で前項の規定による信号を行つてはならず、また、これと誤認されるおそれのある信号を行つてはならない。

参　①国土交通省令＝則二二。

第五章　補則

（切迫した危険のある特殊な状況）

第三十八条　船舶は、この法律の規定を履行するに当たつては、運航上の危険及び他の船舶との衝突の危険に十分に注意し、かつ、切迫した危険のある特殊な状況（船舶の性能に基づくものを含む。）に十分に注意しなければならない。

2　船舶は、前項の切迫した危険のある特殊な状況にある場合においては、切迫した危険を避けるためにこの法律の規定によらないことができる。

（注意等を怠ることについての責任）

第三十九条　この法律の規定は、適切な航法で運航し、灯火若しくは形象物を表示し、若しくは信号を行うこと又は船員の常務として若しくはその時の特殊な状況により必要とされる注意をすることを怠ることによつて生じた結果について、船舶、船舶所有者、船長又は海員の責任を免除するものではない。

（他の法令による航法等についてのこの法律の規定の適用等）

第四十条　第十六条、第十七条、第二十条（第四項を除く。）、第三十四条（第四項から第六項までを除く。）、第三十六条、第三十八条及び前条の規定は、他の法令において定められた航法、灯火又は形象物の表示、信号その他運航に関する事項についても適用があるものとし、第十一条の規定は、他の法令において定められた避航に関する事項について準用するものとする。

（この法律の規定の特例）

第四十一条　船舶の衝突予防に関し遵守すべき航法、灯火又は形象物の表示、信号その他運航に関する事項であつて、港則法（昭和二十三年法律第百七十四号）又は海上交通安全法（昭和四十七年法律第百十五号）の定めるものについては、これらの法律の定めるところによる。

2　政令で定める水域における水上航空機等の衝突予防に関し遵守すべき航法、灯火又は形象物の表示、信号その他運航に関する事項については、政令で特例を定めることができる。

3　国際規則第一条ⓒに規定する位置灯、信号灯、形象物若しくは汽笛信号又は同条ⓔに規定する灯火若しくは形象物の数、位置、視認距離若しくは視認圏若しくは音響信号装置の配置若しくは特性（次項に

おいて「特別事項」という。）については、国土交通省令で特例を定めることができる。

4　条約の締約国である外国が特別事項について特別の規則を定めた場合において、国際規則第一条(c)又は(e)に規定する船舶であつて当該外国の国籍を有するものが当該特別の規則に従うときは、当該特別の規則に相当するこの法律又はこの法律に基づく命令の規定は、当該船舶について適用しない。

参　②政令＝未制定。③国土交通省令＝則二三。

（経過措置）

第四十二条　この法律の規定に基づき命令を制定し、又は改廃する場合においては、その命令で、その制定又は改廃に伴い合理的に必要と判断される範囲内において、所要の経過措置を定めることができる。

参　命令＝則附則②〜⑦。

附　則　抄

（施行期日）

第一条　この法律は、条約が日本国について効力を生ずる日から施行する。ただし、次条第二項の規定は、公布の日から施行する。

参　効力を生ずる日＝昭和五二年七月一五日。

（分離通航方式に関する経過措置）

第二条　この法律の施行前に政府間海事協議機関が採択した分離通航方式（以下「既設分離通航方式」という。）は、改正後の海上衝突予防法（以下「新法」という。）第十条第一項に規定する分離通航方式とみなす。

2　海上保安庁長官は、この法律の施行前においても、既設分離通航方式について新法第十条第十三項の規定の例により告示することができる。

参　②告示＝分離通航方式に関する告示。

（灯火の視認距離に関する経過措置）

第三条　この法律の施行前に建造され、又は建造に着手された船舶が表示すべき灯火の視認距離については、新法第二十二条の規定にかかわらず、条約第四条1(a)の規定により条約が効力を生ずる日から起算して四年を経過する日までは、なお従前の例による。

附　則（昭和五八年法律第三二号）抄

（施行期日）

1　この法律は、昭和五十八年六月一日から施行する。

附　則（平成七年法律第三〇号）

この法律は、平成七年十一月四日から施行する。

附　則（平成一一年法律第一六〇号）抄

（施行期日）

第一条　この法律（第二条及び第三条を除く。）は、平成十三年一月六日から施行する。〔後略〕

附　則（平成一五年法律第六三号）

この法律は、平成十五年十一月二十九日から施行する。

海上衝突予防法施行規則

〔昭和五十二年七月一日　運輸省令第十九号〕

最近改正　平成一五年　九月二九日国土交通省令第九六号
同　二〇年　七月一五日同　第六二号
同　二一年一一月三〇日同　第六七号
令和　元年　六月二八日同　第二〇号

目次

第一章　総則

（用語）

第一条　この省令において使用する用語は、海上衝突予防法（昭和五十二年法律第六十二号。以下「法」という。）において使用する用語の例による。

第二章　灯火及び形象物

（灯火の色度）

第二条　第十六条第一項に規定する灯火及び法第二十条第一項の規定による法定灯火（以下「法定灯火等」という。）の色は、次の表の上欄に掲げる色の区分に応じ、日本産業規格Z八七八一―三の色度図において、それぞれ同表の下欄に掲げる領域内の色度を有するものでなければならない。

色	領域
白	x座標〇・五二五 y座標〇・四四〇の点、x座標〇・五二五 y座標〇・三八二の点、x座標〇・四三三 y座標〇・三八二の点、x座標〇・三一〇 y座標〇・二八三の点、x座標〇・三一〇 y座標〇・三四八の点、x座標〇・四五二 y座標〇・四四〇の点及び x座標〇・五二五 y座標〇・四四〇の点を順次に結んだ線により囲まれた領域
紅	x座標〇・七三五 y座標〇・二六五の点、x座標〇・七二一 y座標〇・二五九の点、x座標〇・六六〇 y座標〇・三二〇の点及び x座標〇・六八〇 y座標〇・三二〇の点を順次に結んだ線並びにスペクトル軌跡により囲まれた領域
緑	x座標〇・〇〇九 y座標〇・七二三の点、x座標〇・三〇〇 y座標〇・五一一の点、x座標〇・二〇三 y座標〇・三五六の点及び x座標〇・〇二八 y座標〇・三八五の点を順次に結んだ線並びにスペクトル軌跡により囲まれた領域
黄	x座標〇・六一八 y座標〇・三八二の点、x座標〇・六一二 y座標〇・三八二の点、x座標〇・五七五 y座標〇・四〇六の点及び x座標〇・五七五 y座標〇・四二五の点を順次に結んだ線並びにスペクトル軌跡により囲まれた領域

（光度の算定式等）

第三条　法定灯火等の光度は、次に定める算式により算定するものとする。

$$I = 3.43 \times 10^{6} \times T \times D^{2} \times K^{-D}$$

Iは、光度（カンデラ）

Tは、閾（いき）値（ルクス）とし、〇・〇〇〇〇〇〇二

Dは、視認距離（海里）

Kは、大気の透過率とし、〇・八

2　法定灯火等の光度は、当該法定灯火等が過度にまぶしくならないように制限されなければならない。この場合において、その制限は、可変調節の方法によつて行つてはならない。

（光度）

第四条　法第二十二条の国土交通省令で定める光度は、前条第一項の算式により算定した光度（以下「最小光度」という。）以上のものとする。ただし、電気式灯火以外の灯火については、やむを得ない場合は、この限りでない。

2　前項ただし書の場合において、当該灯火は、できる限り最小光度に近い光度を有しなければならない。

3　法第二十六条第三項の国土交通省令で定める光度は、〇・九カンデラ以上十二カンデラ未満（長さ五十メートル未満のトロール従事船にあつては、〇・九カンデラ以上四・三カンデラ未満）とする。

（射光範囲）

第五条　マスト灯、げん灯及び船尾灯は、当該灯火について、それぞれ法第二十一条第一項、第二項又は第四項に規定する水平方向における射光の範囲（以下「水平射光範囲」という。）において、最小光度以上の光度を有しなければならない。ただし、水平射光範囲の境界から内側へ五度の範囲においては、この限りでない。

2　前項の灯火は、同項ただし書の範囲において、最小光度の五十パーセント以上の光度を有しなければならない。

3　第一項の灯火の光は、水平射光範囲の境界から外側へ五度の範囲内において、しや断されなければならない。

4　前三項の規定にかかわらず、げん灯は、正船首方向において、最小光度以上の光度を有し、かつ、その光は、正船首方向から外側へ一度から三度までの範囲内において、しや断されなければならない。

第六条　マスト灯、げん灯、船尾灯及び全周灯（以下「マスト灯等」という。）は、上下方向において、次の各号に定める光度以上の光度を有しなければならない。ただし、マスト灯等であつて電気式灯火以外のものについては、やむを得ない場合は、この限りでない。

一　水平面の上下にそれぞれ五度の範囲において、マスト灯及び船尾灯にあつては前条第一項及び第二項の規定による光度、げん灯にあつては同条第一項、第二項及び第四項の規定による光度、全周灯にあつては最小光度

二　動力船が掲げるマスト灯等及び帆船（航行中のものを除く。）が掲げる全周灯にあつては、水平面の上下にそれぞれ五度から七・五度までの範囲において、前号の光度の六十パーセントの光度

三　航行中の帆船が掲げるげん灯、船尾灯及び全周灯にあつては、水平面の上下にそれぞれ五度から二十五度までの範囲において、第一号の光度の五十パーセントの光度

2　前項ただし書の場合において、当該灯火は、できる限り電気式灯火の光度に近い光度を有しなければならない。

（げん灯の内側隔板）

第七条　長さ二十メートル以上の船舶が掲げるげん灯は、黒色のつや消し塗装を施した内側隔板を取り付けたものでなければならない。

（形象物の技術基準）

第八条　形象物は、黒色のものであり、かつ、次の各号に定める形象物ごとに、それぞれ当該各号に定める基準に適合するものでなければならない。ただし、長さ二十メートル未満の船舶が掲げる形象物の大きさについては、当該各号の規定にかかわらず、当該船舶の大きさに適したものとすることができる。

一　球形の形象物　直径〇・六メートル以上のものであること。

二　円すい形の形象物　底の直径が〇・六メートル以上であつて、高さが底の直径と等しいものであること。

三　円筒形の形象物　直径が〇・六メートル以上であつて、高さが直径の二倍のものであること。

四　ひし形の形象物　底の直径が〇・六メートル以上であつて、高さが底の直径と等しい二個の同形の円すいをその底で上下に結合させた形のものであること。

（マスト灯又はマスト灯と同一の特性を有する灯火の垂直位置）

第九条　法第二十三条第一項第一号、第二十四条第一項第一号イ、同号ロ、同条第二項第一号イ若しくは同号ロの規定による前部に掲げるマスト灯（法第二十四条第一項第一号イ又は同条第二項第一号イの規定によるマスト灯については、それらのうちいずれか一個に限る。）又は法第二十七条第二項第二号若しくは同条第四項第二号の規定によるマスト灯のうち前部に掲げるもの（以下「前部マスト灯」という。）の位置は、次の各号に掲げる船舶の区分に応じ、それぞれ当該各号に定める要件に適合するものでなければならない。

一　長さ二十メートル以上の動力船（第三号に掲げるものを除く。）　船体上の高さ（灯火の直下の最上層の全通甲板からの高さをいう。以下同じ。）が六メートル（船舶の最大の幅が六メートルを超える動力船にあつては、その幅）以上であること。ただし、その高さは、十二メートルを超えることを要しない。

二　長さ二十メートル未満の動力船　げん縁上の高さが二・五メートル以上であること。ただし、長さ十二メートル未満の動力船にあつては、この限りでない。

三　長さ二十メートル以上の動力船であつて海上保安庁長官が告示で定めるもの　船体上の高さが、前部マスト灯とげん灯を頂点とする二等辺三角形を当該船舶の船体中心線に垂直な平面に投影した二等辺三角形の底角が二十七度以上となるものであること。

2　法第二十三条第一項第一号、第二十四条第一項第一号イ、同号ロ、同条第二項第一号イ若しくは同号ロの規定による後部に掲げるマスト灯（法第二十四条第一項第一号ロ又は同条第二項第一号ロの規定によるマスト灯については、それらのうちいずれか一個に限る。）又は法第二十七条第二項第二号若しくは同条第四項第二号の規定によるマスト灯のうち後部に掲げるもの（以下「後部マスト灯」という。）の位置は、前部マスト灯よりも四・五メートル以上上方でなければならず、かつ、通常のトリムの状態において、船首から千メートル離れた海面から見たときに前部マスト灯と分離して見える高さでなければならない。ただし、前項第三号に掲げる動力船にあつては、後部マスト灯の位置は、前部マスト灯よりも次に定める算式により算定されるメートル以上上

方とすることができる。

$$y=\frac{(a+17\psi)c}{1000}+2$$

yは、前部マスト灯から後部マスト灯までの垂直距離（メートル）

aは、航海状態における水面から前部マスト灯までの垂直距離（メートル）

ψは、航海状態におけるトリム角（度）

cは、前部マスト灯と後部マスト灯の間の水平距離（メートル）

3 法第二十四条第一項第一号ロ又は同条第二項第一号ロの規定によるマスト灯については、前項に定めるもののほか、それらのうち最も下方のものの位置が、前部マスト灯よりも四・五メートル以上上方でなければならない。

4 前三項に定めるもののほか、前部マスト灯、後部マスト灯又は法第二十三条第六項の規定によるマスト灯と同一の特性を有する灯火（以下「マスト灯と同一の特性を有する灯火」という。）の位置は、他のすべての灯火（前部マスト灯及び後部マスト灯以外のマスト灯、第十四条第三項各号に規定する位置に掲げる全周灯並びに法第三十四条第八項に規定する灯火を除く。）よりも上方でなければならず、かつ、これらの灯火及び妨害となる上部構造物によつて、当該マスト灯又はマスト灯と同一の特性を有する灯火の射光が妨げられないような高さでなければならない。

（マスト灯の間の水平距離等）

第十条 動力船が前部マスト灯及び後部マスト灯を掲げる場合は、これらの灯火の間の水平距離は、当該動力船の長さの二分の一以上でなければならない。ただし、当該水平距離は、百メートルを超えることを要しない。

2 前項の場合において、船首から前部マスト灯までの水平距離は、当該動力船の長さの四分の一以下でなければならない。

3 動力船が前部マスト灯のみを掲げる場合の当該マスト灯の位置は、船体中央部より前方の位置でなければならない。ただし、長さ二十メートル未満の動力船に係る前部マスト灯については、この限りでない。

4 前項ただし書の場合において、当該マスト灯は、できる限り前方の位置でなければならない。

（げん灯等の位置）

第十一条 法第二十三条第一項第二号、同条第四項、同条第五項、第二十四条第一項第二号、同条第二項第二号、同条第四項第一号、同条第七項第一号、同項第二号、第二十六条第一項第三号、同条第二項第二号、第二十七条第一項第二号、同条第二項第二号、同条第四項第二号若しくは第二十九条第二号の規定によるげん灯若しくは両色灯又は法第二十三条第七項の規定による両色灯と同一の特性を有する灯火（以下「両色灯と同一の特性を有する灯火」という。）であつて、動力船が掲げるものの位置は、それぞれ次の各号に定める要件に適合するものでなければならない。

一 げん灯

イ 前部マスト灯（マスト灯と同一の特性を有する灯火を含む。以下この条において同じ。）の船体上の高さの四分の三以下にあること。

ロ 甲板を照明する灯火によつて射光が妨げられるような低い位置にないこと。

ハ 前部マスト灯又は法第二十三条第四項の規定による全周灯をげん縁上二・五メートル未満の高さに掲げる場合は、イにかかわらず、その前部マスト灯又は全周灯よりも一メートル以上下方にあること。

ニ 前部マスト灯よりも前方になく、かつ、げん側又はその付近にあること（長さ二十メートル以上の動力船が掲げるげん灯に限る。）。

二 両色灯及び両色灯と同一の特性を有する灯火 前部マスト灯よりも一メートル以上下方にあること。

（連掲する灯火の間の距離等）

第十二条 法第二十四条第一項第一号イ、同号ロ、同項第三号及び第四号、同条第二項第一号イ、同号ロ、第二十五条第四項、第二十六条第一項第一号、同条第二項第一号、第二十七条第一項第一号、同条第二項第一号、同条第四項第一号、同項第三号、同項第四号、同条第五項第一号、第二十八条、第二十九条第一号又は第三十条第三項第二号の規定による垂直線上に連掲する灯火の間の距離及び位置は、次の表の上欄に掲げる船舶の区分に応じ、それぞれ同表の中欄及び下欄に掲げる要件に適合するものでなければならない。

船舶	距離	位置
長さ二十メートル以上の船舶	一 二メートル以上であること。 二 三個の灯火を掲げる場合は、これらの灯火の間の距離が等しいこと。	最も下方の灯火（引き船灯を掲げる場合における船尾灯を除く。以下この表において同じ。）の船体上の高さが四メートル以上であること。

長さ二十メートル未満の船舶	一　一メートル以上であること。 二　三個の灯火を掲げる場合は、これらの灯火の間の距離が等しいこと。	最も下方の灯火のげん縁上の高さが二メートル以上であること。

2　法第二十六条第一項第一号又は同条第二項第一号の規定による二個の全周灯のうち下方のものの位置は、前項に定めるもののほか、これらの二個の全周灯の間の距離の二倍以上げん灯よりも上方でなければならない。

3　法第二十六条第三項の規定による垂直線上に連掲する灯火の間の距離は、〇・九メートル以上でなければならない。

（びよう泊灯等の垂直位置）

第十三条　法第三十条第一項第一号又は同条第三項第一号の規定による二個の全周灯のうち前部に掲げるもの（次項において「前部びよう泊灯」という。）の位置は、他の一個の全周灯よりも四・五メートル以上上方でなければならない。

2　長さ五十メートル以上の船舶が掲げる前部びよう泊灯の位置は、前項に定めるもののほか、船体上の高さが六メートル以上でなければならない。

（全周灯の位置）

第十四条　第十六条第一項又は法第二十三条第二項、同条第四項、同条第五項、第二十四条第五項第一号、同項第二号、同項第三号、第二十五条第四項、第二十六条第一項第一号、同条第二項第一号、同項第三号、同条第三項、第二十七条第一項第一号、同条第二項第一号、同項第三号、同項第四号、同条第五項第一号、同条第六項第一号、第二十八条、第二十九条第一号、第三十条第一項第一号、同条第三項第一号、同項第二号若しくは第三十四条第八項の規定による全周灯の位置は、その水平射光範囲がマストその他の上部構造物によつて六度を超えて妨げられないような位置でなければならない。ただし、法第三十条第一項第一号及び同条第三項第一号の規定による全周灯については、やむを得ない場合は、この限りでない。

2　前項ただし書の場合において、当該灯火は、できる限り高い位置でなければならない。

3　一個の全周灯のみでは第一項の規定による位置とすることができない場合は、二個の全周灯を、隔板を取り付けることその他の方法により一海里の距離から一個の灯火として見えるようにすることをもつて足りる。

4　法第二十七条第二項第一号、同条第四項第一号及び第二十八条の規定による全周灯の位置を前部マスト灯よりも下方の位置とすることができない場合は、これらの全周灯の位置は、次のいずれかの位置であることをもつて足りる。

一　前部マスト灯の高さと後部マスト灯の高さの間であつて、船舶の中心線からの水平距離が二メートル以上である位置

二　後部マスト灯よりも上方の位置

（漁具を出している方向を示す灯火等の位置）

第十五条　法第二十六条第二項第三号の規定による灯火の位置は、次の各号に定める要件に適合するものでなければならない。

一　同項第一号の規定による白色の全周灯からの水平距離が二メートル以上六メートル以下であること。

二　前号の白色の全周灯よりも高くないこと。

三　同項第二号の規定によるげん灯よりも低くないこと。

2　法第二十七条第四項第三号及び第四号の規定による灯火又は形象物の位置は、それぞれ次の各号に定める要件に適合するものでなければならない。

一　灯火にあつては同項第一号の規定による三個の全周灯、形象物にあつては同項第五号の規定による三個の形象物からの水平距離が二メートル以上であること。この場合において、当該水平距離は、できる限り長くなければならない。

二　灯火にあつては前号の三個の全周灯、形象物にあつては同号の三個の形象物のうち最も下方のものよりも高くないこと。

（漁ろうに従事している船舶の追加の灯火）

第十六条　法第二十六条第五項の国土交通省令で定める漁ろうに従事している船舶は、次の表の上欄に掲げる船舶とし、同項の国土交通省令で定める灯火は、同表の上欄に掲げる船舶ごとにそれぞれ同表の下欄に掲げる灯火とする。この場合において、当該灯火は、一海里以上三海里未満（長さ五十メートル未満の船舶にあつては、一海里以上二海里未満）の視認距離を有するものでなければならない。

船舶	灯火
長さ二十メートル未満のトロール従事船	白色の全周灯二個（投網を行つている船舶に限る。）
	白色の全周灯一個及び紅色の全周灯一個（揚網を行つている船舶に限る。）

	紅色の全周灯二個（網が障害物に絡みついている船舶に限る。）
きんちゃく網を用いて漁ろうに従事している船舶	黄色の全周灯二個であつて、一秒ごとに交互にせん光を発し、かつ、各々の明間と暗間とが等しいもの

2　前項に規定する灯火は、次の各号に定めるところにより表示しなければならない。

一　法第二十六条第一項第一号又は同条第二項第一号に規定する白色の全周灯よりも低い位置の最も見えやすい場所に垂直線上に掲げること。

二　相互に〇・九メートル以上隔てて掲げること。

三　前項の規定によりトロール従事船が揚網を行つている場合に掲げる灯火にあつては、白色の全周灯を紅色の全周灯よりも上方に掲げること。

3　長さ二十メートル未満のトロール従事船であつて、二そうびきのトロールにより漁ろうをしているものは、それぞれ、夜間において対をなしている他方の船舶の進行方向を示すように探照灯を照射することができる。

（連掲する形象物の間の距離）

第十七条　法第二十七条第一項第三号、同条第二項第三号、同条第四項第三号、同項第四号、同項第五号又は第三十条第三項第三号の規定による垂直線上に連掲する形象物の間の距離は、一・五メートル以上でなければならない。

2　長さ二十メートル未満の船舶が、第八条ただし書の規定により同条各号に定める大きさ以外の形象物を垂直線上に連掲する場合における前項の距離は、同項の規定にかかわらず、一・五メートル未満であつてこれらの形象物の大きさに適したものとすることができる。

第三章　音響信号及び発光信号

（汽笛の技術基準等）

第十八条　法第三十三条の規定により船舶が備えるべき汽笛（以下「汽笛」という。）の音の基本周波数及び音圧は、次の表の上欄に掲げる船舶の区分に応じ、それぞれ同表の中欄及び下欄に掲げる基準に適合するものでなければならない。

船舶	基本周波数	音圧
長さ二百メートル以上の船舶	七十ヘルツ以上二百ヘルツ以下	百四十三デシベル以上
長さ七十五メートル以上二百メートル未満の船舶	百三十ヘルツ以上三百五十ヘルツ以下	百三十八デシベル以上
長さ二十メートル以上七十五メートル未満の船舶	二百五十ヘルツ以上七百ヘルツ以下	百三十デシベル以上
長さ二十メートル未満の船舶	二百五十ヘルツ以上七百ヘルツ以下	百二十デシベル以上（百八十ヘルツ以上四百五十ヘルツ以下） 百十五デシベル以上（四百五十ヘルツ以上八百ヘルツ以下） 百十一デシベル以上（八百ヘルツ以上二千百ヘルツ以下）

備考
音圧は、汽笛の音の最も強い方向であつて汽笛からの距離が一メートルである位置において、百八十ヘルツ以上七百ヘルツ以下の範囲内に中心周波数を有する三分の一オクターブバンドのうちのいずれか一により測定したものとする。ただし、長さ二十メートル未満の船舶にあつては、表中括弧内に定める周波数の範囲内に中心周波数を有する三分の一オクターブバンドのうちいずれか一により測定したものとする。

2　指向性を有する汽笛は、水平方向において、前項の音圧の測定に用いた三分の一オクターブバンドと同一のものにより測定した結果、次の各号に定める音圧以上の音圧を有するものでなければならない。

一　音の最も強い方向（以下「最強方向」という。）から左右にそれぞれ四十五度の範囲において、最強方向の音圧から四デシベルを減じた音圧

二　前号の範囲以外の範囲において、最強方向の音圧から十デシベルを減じた音圧

第十九条　汽笛の位置は、次の各号に定める基準に適合するものでなければならない。

一　できる限り高い位置にあること。

二　自船上の他船の汽笛を通常聴取する場所における音圧が百十デシベル(A)を超えず、できる限り、百デシベル(A)を超えないような位置にあること。

三　指向性を有する汽笛にあつては、それが船舶に設置されている唯一のものである場合は、正船首方向において、音圧が最大となるような位置にあること。

2　二以上の汽笛がそれぞれ百メートルを超える間隔を置いて設置されている場合は、これらの汽笛は、同時に吹鳴を発しないものでなければならない。

3　船舶は、当該船舶に設置されている唯一の汽笛又は前項の汽笛のうちのいずれか一のものの音圧が、

自船上の障害物により著しく減少する区域が生ずるおそれがある場合は、できる限り複合汽笛装置を備えなければならない。

4　前項の複合汽笛装置の汽笛は、それぞれの間隔が百メートル以下のものでなければならず、また、同時に吹鳴を発し、かつ、これらの周波数の差が十ヘルツ以上であるものでなければならない。

5　第三項の複合汽笛装置は、これを一の汽笛とみなす。

（号鐘及びどらの技術基準）

第二十条　法第三十三条第一項の規定により船舶が備えるべき号鐘は、次の各号に定める基準に適合するものでなければならない。

一　一メートル離れた位置における音圧が百十デシベル以上であること。

二　耐食性を有する材料を用いて作られていること。

三　澄んだ音色を発するものであること。

四　号鐘の呼び径が〇・三メートル以上であること。

五　号鐘の打子の重量が号鐘の重量の三パーセント以上であること。

六　動力式の号鐘の打子については、できる限り一定の強さで号鐘を打つことができるものであり、かつ、手動による操作が可能であるものであること。

2　法第三十三条第一項の規定により船舶が備えるべきどらは、前項第一号から第三号までに定める基準に適合するものでなければならない。

（法第三十四条第八項の灯火の位置）

第二十一条　法第三十四条第八項に規定する灯火の位置は、次の各号に定める要件に適合するものでなければならない。

一　船舶の中心線上にあること。

二　前部マスト灯及び後部マスト灯を掲げる船舶にあつては、できる限り前部マスト灯よりも二メートル以上上方であり、かつ、後部マスト灯よりも二メートル以上上方又は下方であること。

三　前部マスト灯のみを表示する船舶にあつては、当該マスト灯よりも二メートル以上上方又は下方であり、かつ、最も見えやすい位置にあること。

第四章　補則

（特殊高速船）

第二十一条の二　法第二十三条第三項の国土交通省令で定める動力船は、離水若しくは着水に係る滑走又は水面に接近して飛行している状態（法第三条第五項、第三十一条及び第四十一条第二項において適用する場合を除く。）の表面効果翼船（前進する船体の下方を通過する空気の圧力の反作用により水面から浮揚した状態で移動することができる動力船をいう。）とする。

（遭難信号）

第二十二条　法第三十七条第一項の国土交通省令で定める信号は、次の各号に定める信号とする。

一　約一分の間隔で行う一回の発砲その他の爆発による信号

二　霧中信号器による連続音響による信号

三　短時間の間隔で発射され、赤色の星火を発するロケット又はりゆう弾による信号

四　あらゆる信号方法によるモールス符号の「・・・―――・・・」（ＳＯＳ）の信号

五　無線電話による「メーデー」という語の信号

六　縦に上から国際海事機関が採択した国際信号書（以下「国際信号書」という。）に定めるＮ旗及びＣ旗を掲げることによつて示される遭難信号

七　方形旗であつて、その上方又は下方に球又はこれに類似するもの一個の付いたものによる信号

八　船舶上の火炎（タールおけ、油たる等の燃焼によるもの）による信号

九　落下さんの付いた赤色の炎火ロケット又は赤色の手持ち炎火による信号

十　オレンジ色の煙を発することによる信号

十一　左右に伸ばした腕を繰り返しゆつくり上下させることによる信号

十二　デジタル選択呼出装置による二、一八七・五キロヘルツ、四、二〇七・五キロヘルツ、六、三一二キロヘルツ、八、四一四・五キロヘルツ、一二、五七七キロヘルツ又は一五六・五二五メガヘルツの周波数の電波による遭難警報

十三　インマルサット船舶地球局（国際移動通信衛星機構が監督する法人が開設する人工衛星局の中継により海岸地球局と通信を行うために開設する船舶地球局をいう。）その他の衛星通信の船舶地球局の無線設備による遭難警報

十四　非常用の位置指示無線標識による信号

十五　前各号に掲げるもののほか、海上保安庁長官が告示で定める信号

2　船舶は、前項各号の信号を行うに当たつては、次の各号に定める事項を考慮するものとする。

一　国際信号書に定める遭難に関連する事項

二　国際海事機関が採択した国際航空海上捜索救助手引書第三巻に定める事項

三　黒色の方形及び円又は他の適当な図若しくは文

字を施したオレンジ色の帆布を空からの識別のために使用すること。

四　染料による標識を使用すること。

（特例）

第二十三条　海上自衛隊の使用する船舶のうち自衛艦であつて次の表の第一欄に掲げるものについては、同表の第二欄に掲げる法又はこの省令の規定中同表の第三欄に掲げる字句は、同表の第四欄に掲げる字句に読み替えて、これらの規定を適用する。

第一欄	第二欄	第三欄	第四欄
潜水艦	法第二十三条第一項第一号	長さ五十メートル未満の動力船	潜水艦
	第九条第一項第一号	六メートル（船舶の最大の幅が六メートルを超える動力船にあつては、その幅）以上であること。ただし、その高さは、十二メートルを超えることを要しない。	四メートル以上であること。
	第十三条第一項	四・五メートル	一メートル
	第十三条第二項	六メートル	二メートル
潜水艦以外の自衛艦	法第二十一条第一項	船舶の中心線上	船舶の中心線上（甲板室が船舶の片側に設けられている長さ十二メートル以上の護衛艦及び輸送艦（第二十三条第一項第一号及び第二十七条第二項第二号において「特定護衛艦等」という。）にあつては、できる限り船舶の中心線の近く）
	法第二十三条第一項第一号	マスト灯よりも後方の高い位置	マスト灯よりも後方の高い位置（特定護衛艦等にあつては、当該マスト灯が装置されている位置から船舶の中心線に平行に引いた直線上の、かつ、当該マスト灯よりも後方の高い位置。次条第一項第一号及び第二項第一号において同じ。）
	法第二十四条第一項第一号	長さ五十メートル未満の動力船	潜水艦以外の自衛艦
	法第二十七条第二項第二号	二個	二個（特定護衛艦等にあつては、船舶の中心線に平行に引いた直線上に二個。第四項第二号において同じ。）
		第四項第二号	同号
	第九条第一項第一号	（船舶の最大の幅が六メートルを超える動力船にあつては、その幅）以上であること。ただし、その高さは、十二メートルを超えることを要しない。	（護衛艦、ミサイル艇及び最大速力が二十五ノットを超える特務艇にあつては、四メートル）以上であること。
	第九条第四項	他のすべての灯火（前部マスト灯及び後部マスト灯以外のマスト灯、第十四条第三項各号に規定する全周灯並びに法第三十四条第八項に規定する灯火を除く。）よりも上方でなければならず、かつ、これらの灯火及び妨害となる上部構造物	妨害となる上部構造物
	第十条第一項	当該動力船の長さの二分の一	これらの灯火の船体上の高さの差
	第十条第二項	四分の一	二分の一
	第十条第三項	長さ二十メートル未満の動力船	長さ五十メートル未満の潜水艦以外の自衛艦
	第十一条第一号ニ	前部マスト灯よりも前方になく	できる限り前部マスト灯の後方にあり
	第十二条第一項の	二メートル	二メートル（ミサイル艇

	表長さ二十メートル以上の船舶の項		及び最大速力が二十五ノットを超える特務艇が二個の灯火を垂直線上に掲げる場合並びに掃海艇が三個の灯火を垂直線上に掲げる場合にあっては、一メートル）
	第十三条第一項	四・五メートル	一メートル
	第十三条第二項	六メートル	二・五メートル

2　海上保安庁の使用する船舶であつて、次の表の第一欄に掲げるものについては、同表の第二欄に掲げる法又はこの省令の規定中同表の第三欄に掲げる字句は、同表の第四欄に掲げる字句に読み替えてこれらの規定を適用する。

第一欄	第二欄	第三欄	第四欄
回転翼航空機を搭載する巡視船	法第二十四条第一項第一号	長さ五十メートル未満の動力船	回転翼航空機を搭載する巡視船
	第九条第一項第一号	十二メートル	七メートル
	第九条第四項	他のすべての灯火（前部マスト灯及び後部マスト灯以外のマスト灯、第十四条第三項各号に規定する位置に掲げる全周灯並びに法第三十四条第八項に規定する灯火を除く。）よりも上方でなければならず、かつ、これらの灯火及び妨害となる上部構造物	妨害となる上部構造物
	第十条第一項	当該動力船の長さの二分の一	これらの灯火の船体上の高さの差
	第十条第二項	四分の一	五分の二
	第十一条第一号ニ	前部マスト灯よりも前方になく	できる限り前部マスト灯の後方にあり
回転翼航空機を搭載する巡視船以外の巡視船	第十条第一項	当該動力船の長さの二分の一	これらの灯火の船体上の高さの差
	第十条第二項	四分の一	五分の二
	第十条第三項	長さ二十メートル未満の動力船	長さ五十メートル未満の回転翼航空機を搭載する巡視船以外の巡視船
	第十一条第一号ニ	前部マスト灯よりも前方になく	できる限り前部マスト灯の後方にあり

3　前二項に規定する船舶以外の船舶であつて、法第四十一条第三項に規定する特別事項に該当する事項のうち灯火若しくは形象物の数、位置、視認距離若しくは視認圏又は音響信号装置の配置若しくは特性について定めた法又はこの省令の規定を適用することがその特殊な構造又は目的のため困難であると国土交通大臣が認定したものに対するこれらの規定の適用については、これらの規定にかかわらず、国土交通大臣の指示するところによるものとする。

附　則

（施行期日）

1　この省令は、法の施行の日（昭和五十二年七月十五日）から施行する。

（経過措置）

2　次の表の上欄に掲げる事項については、この省令の施行の日前に建造され、又は建造に着手された船舶であつて同表の中欄に掲げるものは、同表の下欄に掲げるこの省令の規定にかかわらず、なお従前の例によることができる。

前部マスト灯の位置	長さ十二メートル以上十二・一九メートル未満の動力船	第九条第一項第二号本文
前部マスト灯をげん縁上二・五メートル未満の高さに掲げる場合におけるげん灯の位置	長さ十二メートル未満の動力船	第十一条第一号ハ
両色灯の位置	長さ十九・八〇メートル未満の動力船	第十一条第二号
連掲する灯火の間の距離	長さ二十メートル以上の船舶	第十二条第一項の表長さ二十メートル以上の船舶の項距離の欄第一号
	トロール以外の漁法により漁ろうに従事してい	第十二条第一項の表長さ二十メートル未満の

	る長さ十二・一九メートル未満の船舶	船舶の項距離の欄第一号
漁具を出している方向を示す灯火の白色の全周灯からの水平距離	トロール以外の漁法により漁ろうに従事している船舶	第十五条第一項第一号

3　この省令の施行の日前に建造され、又は建造に着手された船舶は、第二条及び第四条の規定にかかわらず、この省令の施行の日から起算して四年を経過する日までは、同条の基準に適合する灯火を掲げることを要しない。

4　この省令の施行の日前に建造され、又は建造に着手された動力船は、第十条第一項及び第二項の規定にかかわらず、これらの規定に適合する位置にマスト灯を掲げることを要しない。ただし、長さ百五十メートル以上の動力船については、この省令の施行の日から起算して九年を経過する日までの間に限る。

5　この省令の施行の日前に建造され、又は建造に着手された船舶は、第十一条第一号（イ及びニに係る部分に限る。）の規定にかかわらず、この省令の施行の日から起算して九年を経過する日までは、これらの規定に適合する位置にげん灯を掲げることを要しない。

6　この省令の施行の日前に建造され、又は建造に着手された船舶は、第十四条第一項の規定にかかわらず、この規定に適合する位置に全周灯を掲げることを要しない。

7　この省令の施行の日前に建造され、又は建造に着手された船舶は、第十八条から第二十条までの規定にかかわらず、この省令の施行の日から起算して九年を経過する日までは、これらの規定の基準に適合する音響信号設備を備えることを要しない。

附　則（平成一二年運輸省令第六号）

この省令は、平成十二年三月一日から施行する。

附　則（平成一二年運輸省令第三九号）抄

（施行期日）

第一条　この省令は、平成十三年一月六日から施行する。

附　則（平成一五年国土交通省令第九六号）抄

（施行期日）

第一条　この省令は、海上衝突予防法の一部を改正する法律（平成十五年法律第六十三号）の施行の日（平成十五年十一月二十九日）から施行する。

附　則（平成二〇年国土交通省令第六二号）

この省令は、平成二十年七月二十日から施行する。

附　則（平成二一年国土交通省令第六七号）

この省令は、平成二十一年十二月一日から施行する。

附　則（令和元年国土交通省令第二〇号）

この省令は、不正競争防止法等の一部を改正する法律の施行の日（令和元年七月一日）から施行する。

海上衝突予防法施行規則第九条第一項第三号の動力船を定める告示

〔平成七年十二月二十一日
海上保安庁告示第百三十九号〕

改正　平成一五年一〇月七日海上保安庁告示第三〇五号

海上衝突予防法施行規則（昭和五十二年運輸省令第十九号）第九条第一項第三号の海上保安庁長官が定める動力船は、最強速力が次の算式で算定した値以上となるものとする。

$3.7\nabla^{0.1667}$（メートル毎秒）

この場合において、∇は、計画満載喫水線における排水容積（立方メートル）とする。

附　則

この告示は、平成八年一月一日から施行する。

附　則（平成一五年海上保安庁告示第三〇五号）

この告示は、平成十五年十一月二十九日から施行する。

海上衝突予防法施行規則第二十二条第一項第十五号の信号を定める告示

〔平成四年一月二十一日
海上保安庁告示第十七号〕

改正　平成二一年一一月三〇日海上保安庁告示第三二九号

海上衝突予防法施行規則（昭和五十二年運輸省令第十九号）第二十二条第一項第十五号の規定に基づき、海上衝突予防法施行規則第二十二条第一項第十五号の信号を定める告示を次のように定める。

海上衝突予防法施行規則（昭和五十二年運輸省令第十九号）第二十二条第一項第十五号の海上保安庁長官が定める信号は、次のとおりとする。

一　衛星の中継を利用した非常用の位置指示無線標識による遭難警報

二　捜索救助用のレーダートランスポンダによる信号

三　直接印刷電信による「ＭＡＹＤＡＹ」という語の信号

附　則

この告示は、平成四年二月一日から施行する。

附　則（平成二一年海上保安庁告示第三二九号）

この告示は、平成二十一年十二月一日から施行する。

分離通航方式に関する告示（抄）

〔昭和五十二年七月十四日
海上保安庁告示第八十二号〕

最近改正　平成二八年　三月三一日海上保安庁告示第一九号
同　二八年一一月一七日同　第五四号
同　二九年一一月一五日同　第一八号
同　三〇年一一月一二日同　第六一号
令和　二年　六月三〇日同　第二七号
同　三年　五月一八日同　第一九号

一　海上衝突予防法第十条第一項に規定する分離通航方式（同法附則第二条第一項に規定する既設分離通航方式を含む。以下同じ。）の名称、その分離通航方式について定められた分離通航帯、通航路、分離線、分離帯及び沿岸通航帯の位置その他分離通航方式に関し必要な事項は、二に規定する事項及び別表に掲げる事項である。

二　別表に掲げる通航路における船舶の進行方向は、同表に別段の定めがある場合を除き、当該通航路に沿つた方向であつて当該通航路に係る分離線又は分離帯を左げん側に見る方向である。

三　一及び二に規定する事項を示す図面を、海上保安庁交通部航行安全課、第一、第二、第三、第四、第五、第六、第七、第八、第九及び第十管区海上保安本部交通部航行安全課、第十一管区海上保安本部交通航行安全課、海上保安監部、各海上保安部、各海上保安航空基地並びに各海上保安署に備え置いて縦覧に供する。

附　則（平成二八年海上保安庁告示第一九号）

この告示は、平成二十八年四月一日から施行する。

附　則（平成二八年海上保安庁告示第五四号）

この告示は、平成二十八年十二月一日協定世界時零時から施行する。ただし、別表14の3の表の改正規定は、平成二十九年一月一日協定世界時零時から施行する。

附　則（平成二九年海上保安庁告示第一八号）

この告示は、公布の日から施行する。ただし、別表25の表、26の表及び27の表の改正規定は、平成二十九年六月一日協定世界時零時から施行する。

附　則（平成三〇年海上保安庁告示第六一号）

この告示は、平成三十年十二月一日協定世界時零時から施行する。

附　則（令和二年海上保安庁告示第二七号）

この告示は、令和二年七月一日協定世界時零時から施行する。

附　則（令和三年海上保安庁告示第一九号）

この告示は、令和三年六月一日協定世界時零時から施行する。

別表　略

国際信号書の使用に関する省令

（昭和四十四年三月十九日　運輸省令第一号）

船舶から、又は船舶に対し、信号を用いて通信しようとする者は、他の法令の定めによる場合を除き、政府間海事協議機関が採択した国際信号書（以下「国際信号書」という。）に定めるところによらなければならない。ただし、国際信号書に定める信号に国際信号書に定める意味と異なる意味を与え、又は国際信号書に定めのない信号を用いて通信しても、当該信号の意味が国際信号書に定める意味と誤解され、又は当該信号が国際信号書による信号と誤認されるおそれがないと認められるときは、この限りでない。

附　則　抄

（施行期日）

1　この省令は、昭和四十四年四月一日から施行する。

（日本船舶国際通信書使用の件の廃止）

2　昭和八年通信省令第三十四号（日本船舶国際通信書使用の件）は、廃止する。

附録

海上衝突予防法

海上衝突予防法施行規則

海上衝突予防法施行規則第九条第一項第三号の動力船を定める告示

海上衝突予防法施行規則第二十二条第一項第十五号の信号を定める告示

分離通航方式に関する告示（抄）

国際信号書の使用に関する省令

ISBN978-4-303-37517-1

海上衝突予防法の解説

昭和 52 年 12 月 5 日 初 版 発 行　　　Ⓒ 1977
令和 4 年 4 月 20 日 改訂 10 版発行

監　修　海上保安庁　　　検印省略
編　者　海上交通法令研究会
発行者　岡田雄希
発行所　海文堂出版株式会社
本　社　東京都文京区水道 2－5－4（〒 112-0005）
電話 03（3815）3291 ㈹　FAX 03（3815）3953
http://www.kaibundo.jp/
支　社　神戸市中央区元町通 3－5－10（〒 650-0022）
日本書籍出版協会会員・工学書協会会員・自然科学書協会会員

PRINTED IN JAPAN　　　印刷　ディグ／製本　ブロケード